喀斯特山区耕地地力评价与利用
——贵阳市

王 济 等著

科学出版社
北 京

内 容 简 介

本书紧紧围绕贵阳市耕地地力情况进行研究，主要从贵阳市耕地地力调查、作物适宜性评价两方面展开。在前期研究工作的基础上，通过实地采样，对耕地土壤pH、有机质、碱解氮、有效磷、速效钾等进行分析测试，并根据耕地地力情况进行水稻、玉米和辣椒的适宜性评价，以期为贵阳市耕种及施肥提供理论依据。

本书适合从事农作物科学研究的科技工作者、大专院校师生和具有同等水平的专业人士阅读参考。

图书在版编目(CIP)数据

喀斯特山区耕地地力评价与利用：贵阳市 / 王济等著. -- 北京：科学出版社，2025.6. -- ISBN 978-7-03-082386-1

Ⅰ.S159.273.1；S158

中国国家版本馆CIP数据核字第2025FH4652号

责任编辑：刘 琳 / 责任校对：彭 映
责任印制：罗 科 / 封面设计：墨创文化

科学出版社 出版
北京东黄城根北街16号
邮政编码：100717
http://www.sciencep.com

成都锦瑞印刷有限责任公司 印刷
科学出版社发行 各地新华书店经销

*

2025年6月第 一 版　　开本：787×1092 1/16
2025年6月第一次印刷　　印张：11 3/4
字数：280 000
定价：128.00元
（如有印装质量问题，我社负责调换）

《喀斯特山区耕地地力评价与利用——贵阳市》编委会

主　任：王　济　蔡景行　童倩倩　蔡雄飞
副主任：吴道明　陈开富　曲德鹏　胡丰青
顾　问：周忠发　郭　锐　杨建红　杨广斌　赵翠薇　赵宇鸾
成　员（按姓氏汉语拼音排序）：

安吉平	敖成红	陈　晓	刁艳梅	段志斌	高　翔
高孟萍	贺仲兵	胡元伦	黄苏燕	贾　田	雷　丽
李　丁	李　兰	李　伶	李金伟	李莉婕	李仕勇
刘慧龙	刘智慧	彭　莉	秦　岭	瞿朝正	王　莉
王　琴	王国坤	王凯旋	王胜利	王迎康	文永超
吴洪鹏	徐　庆	严莲英	杨　彬	尹文书	张　帅
张　洋	周　凯	周　艳	周前艳		

前　言

　　土地是人类赖以生存和发展最根本的物质基础，是一切物质生产最基本的源泉。耕地是土地的精华，是农业发展最基本的、人们获取粮食及其他农产品不可替代的生产资料，也是农民最基本的生活保障，更是保持社会和国民经济可持续发展的重要资源。随着经济社会的发展和农业生产水平的不断提高，耕地集约化利用水平也相应得到提升，但耕地资源状况特别是耕地地力和耕地环境质量也在发生变化，如耕地面积不断减少、重用轻养、耕作不合理，有机肥施用不足、化肥过量使用等现象时有发生，导致耕地土壤养分流失、耕地综合生产能力和耕地质量下降。合理利用土地和切实保护耕地是我国的基本国策。要确保粮食安全，必须严防死守耕地红线。因此，了解耕地、研究耕地、保护耕地、管理和使用好耕地迫在眉睫、责任重大且意义深远。

　　耕地质量是指由耕地地力、土壤健康状况和田间基础设施构成的满足农产品持续产出和质量安全的能力。耕地质量等级评价是农业农村部的一项基础性、公益性工作，主要是指从农业生产角度出发，运用综合指数法对耕地地力、土壤健康状况、田间基础设施等要素进行综合评价，以衡量其在持续产出农产品和保障质量安全方面的能力。其作用主要体现在以下方面：一是服务于粮食生产安全和农业产业发展；二是实现耕地资源高效管理与可持续利用；三是摸清耕地土壤养分状况，提出耕地土壤养分平衡及科学施肥模式；四是摸清耕地土壤主要障碍因素，提出改良利用措施；五是服务于粮食安全责任制考核和自然资源资产负债表编制。

　　根据全国综合农业区划，结合不同区域耕地特点、土壤类型分布特征，将全国耕地划分为九大区域。贵州省全域一级区域属于西南区，贵阳市属于黔贵高原山地林农牧区二级区。依据《耕地质量等级》(GB/T 33469—2016)国家标准和《全国耕地质量等级评价指标体系》，以土壤pH、有机质、有效土层厚度、质地等16项作为评价指标，通过综合评价可知，2021年贵阳市耕地质量平均等级为4.83。其中，白云区耕地质量平均等级为4.22，观山湖区为5.17，云岩区为4.94，南明区为4.45，乌当区为4.98，花溪区为4.44，开阳县为4.69，清镇市为5.19，息烽县为4.89，修文县为4.90。

　　通过计算耕地质量综合指数，对贵阳市耕地质量等级进行划分。全国耕地按质量等级由高到低依次划分为一至十等。其中，评价为一至三等的耕地基础地力较高，基本不存在障碍因素；评价为四至六等的耕地所处环境气候条件基本适宜，农田基础设施条件较好，障碍因素不明显；评价为七至十等的耕地基础地力相对较差，生产障碍因素突出，短时间内较难得到根本改善。2021年贵阳市一等地面积4360.37 hm^2、二等地面积14277.17 hm^2、三等地面积17548.39 hm^2、四等地面积45027.40 hm^2、五等地面积48693.49 hm^2、六等地面积25886.46 hm^2、七等地面积16560.78 hm^2、八等地面积9791.74 hm^2、九等地面积

3005.07hm²、十等地面积 1568.82hm²。

在贵州省土壤肥料工作总站的关心和指导下,在贵州大学和贵州省农业科学院有关专家、老师的倾力指导和帮助下,贵阳市耕地质量等级评价从调查点位布设、点位基本情况调查与采样、调查点位档案信息建立、分析检测,到评价指标体系建立以及成果形成,均凝结了夏忠敏、雷昊、韩峰、赵泽英、刘元生、谭克均、李瑞等各位专家、老师以及各县(区、市)参与此项工作同志的辛勤付出,在此深表感谢。

目 录

第 1 章 绪论 ··· 1
  1.1 耕地地力及耕地地力评价的概念 ························· 1
  1.2 耕地地力评价的必要性 ······································· 1
  1.3 耕地地力评价研究动态 ······································· 3
    1.3.1 国外研究动态 ··· 3
    1.3.2 国内研究动态 ··· 4

第 2 章 区域概况 ··· 6
  2.1 位置与区划 ··· 6
    2.1.1 地理位置 ·· 6
    2.1.2 行政区划 ·· 6
    2.1.3 农业区划 ·· 6
  2.2 自然环境概况 ··· 7
    2.2.1 地形地貌 ·· 7
    2.2.2 气候条件 ·· 7
    2.2.3 植被资源 ·· 8
    2.2.4 水文条件 ·· 8
  2.3 社会经济概况 ··· 10
  2.4 农业生产概况 ··· 10
    2.4.1 主要农作物种植情况 ································· 10
    2.4.2 耕地利用情况 ··· 11

第 3 章 耕地土壤 ··· 13
  3.1 土壤的成土过程及形成特点 ······························ 13
    3.1.1 主要成土过程 ··· 13
    3.1.2 土壤形成特点 ··· 16
  3.2 土壤分类 ·· 18
    3.2.1 土壤分类的原则和依据 ······························ 18
    3.2.2 土壤分类级别及标准 ································· 19
  3.3 土壤分布规律 ··· 21
    3.3.1 土壤水平分布与垂直分布 ·························· 21
    3.3.2 土壤区域分布规律 ····································· 21
  3.4 耕地土壤类型及面积分布 ·································· 23

		3.4.1 主要土壤类型特点	23
		3.4.2 不同土类与亚类面积分布	26
		3.4.3 不同土属与土种面积分布	27
		3.4.4 各县(市、区)土壤面积分布	31

第4章 耕地质量调查评价方法

4.1 调查方法 ··· 38
4.1.1 资料收集与整理 ··· 38
4.1.2 样点布设与调查 ··· 38
4.2 样品采集与分析 ··· 39
4.2.1 样品采集 ·· 39
4.2.2 样品制备与分析 ··· 39
4.2.3 质量控制 ·· 40
4.3 评价指标体系建立 ··· 40
4.3.1 工作依据与技术标准 ·· 40
4.3.2 指标体系与评价方法 ·· 41
4.3.3 数据库建立 ·· 44

第5章 耕地土壤主要性状

5.1 养分状况 ·· 50
5.1.1 土壤有机质 ·· 50
5.1.2 土壤全氮 ·· 53
5.1.3 土壤有效磷 ·· 55
5.1.4 土壤速效钾 ·· 58
5.1.5 土壤pH ·· 61
5.2 立地条件 ·· 63
5.2.1 地形部位 ·· 63
5.2.2 耕地坡度级 ·· 65
5.2.3 海拔 ··· 66
5.2.4 灌溉能力 ·· 67
5.2.5 抗旱能力 ·· 68
5.3 土体构型 ·· 70
5.3.1 耕层质地 ·· 70
5.3.2 土层厚度 ·· 71
5.3.3 质地构型 ·· 72

第6章 耕地地力等级分析

6.1 耕地地力等级总体情况 ··· 74
6.1.1 耕地地力等级概况 ··· 74
6.1.2 各县(市、区)耕地地力等级情况 ···································· 74
6.1.3 不同土壤类型耕地地力等级分布情况 ······························· 76

6.2 各等级耕地质量特征 ·······79
6.2.1 一等地耕地质量特征 ·······79
6.2.2 二等地耕地质量特征 ·······84
6.2.3 三等地耕地质量特征 ·······89
6.2.4 四等地耕地质量特征 ·······96
6.2.5 五等地耕地质量特征 ·······102
6.2.6 六等地耕地质量特征 ·······108
6.2.7 七等地耕地质量特征 ·······114
6.2.8 八等地耕地质量特征 ·······120
6.2.9 九等地耕地质量特征 ·······126
6.2.10 十等地耕地质量特征 ·······132

第7章 耕地施肥 ·······138
7.1 耕地施肥现状 ·······138
7.1.1 国内施肥现状 ·······138
7.1.2 贵州省施肥现状 ·······139
7.1.3 贵阳市施肥现状 ·······140
7.2 科学施肥推广模式 ·······140
7.2.1 依托科学施肥项目促进技术推广 ·······140
7.2.2 结合产业结构调整推广科学施肥 ·······141
7.2.3 发展节水农业 ·······141
7.2.4 科学用地与养地相结合减少化肥使用 ·······142
7.2.5 畜禽粪污资源化利用 ·······142
7.2.6 强化肥料市场管理保障用肥安全 ·······143
7.2.7 构建多种推荐施肥方式及技术推广服务模式 ·······143
7.3 存在问题及原因分析 ·······145
7.3.1 耕地用养失调 ·······145
7.3.2 耕地利用效率不高 ·······145
7.3.3 产业区域化不明显 ·······146
7.3.4 农业生产要素支撑能力亟待增强 ·······146
7.4 综合改良措施 ·······146
7.4.1 推行用养结合 ·······146
7.4.2 科学施肥 ·······147
7.4.3 加强农业基础设施建设 ·······148
7.4.4 调整种植结构 ·······150
7.4.5 防治土壤污染退化 ·······152
7.4.6 坚持高标准农田建设 ·······152
7.5 政策建议 ·······153
7.5.1 强化化肥减量增效技术的宣传和示范 ·······153

  7.5.2　多技术运用推进化肥减量增效落地 ………………………………………………… 153
  7.5.3　争取政策和资金支持 ……………………………………………………………… 153
  7.5.4　进一步完善化肥减量增效推广机制 ……………………………………………… 153
  7.5.5　引导企业积极参与技术推广 ……………………………………………………… 153
  7.5.6　强化科技支撑 ……………………………………………………………………… 154
  7.5.7　开展农村生态环境综合监测体系建设 …………………………………………… 154

第8章　测土推荐施肥推广应用 ………………………………………………………… 155
 8.1　配方肥质量监督和推广网络体系 …………………………………………………… 155
  8.1.1　配方肥市场质量监督体系 ………………………………………………………… 156
  8.1.2　配方肥销售网点的建设及肥料市场监管 ………………………………………… 156
  8.1.3　配套多种推荐施肥方式及技术推广服务模式技术应用 ………………………… 157
 8.2　配方施肥信息化推送模式 …………………………………………………………… 157
  8.2.1　网站推送 …………………………………………………………………………… 158
  8.2.2　短信推送系统 ……………………………………………………………………… 158
  8.2.3　触摸屏信息服务系统 ……………………………………………………………… 159
  8.2.4　手机信息查询系统 ………………………………………………………………… 165
  8.2.5　桌面信息服务系统 ………………………………………………………………… 170

参考文献 ………………………………………………………………………………………… 175

第1章 绪　　论

1.1　耕地地力及耕地地力评价的概念

耕地地力是构成耕地的各种自然条件和环境因素状况的总和，体现在土壤生产能力、农产品质量高低和耕地环境状况优劣三个方面[1]。耕地地力不仅受气候、地形和土壤等自然因素的影响，还受农田灌排设施和水土保持设施等众多社会设施的影响[2]。

耕地地力和耕地地力评价是农业科学中的两个重要概念，对于农业生产和土地管理具有重要意义。耕地地力是指土地的自然生产力，即在不施加外部物质的情况下，土地在其自然状态下所能提供的植物生长和农业生产的潜力。耕地地力评价则是通过一系列科学方法和标准，对耕地的地力状况进行定量或定性分析与评估，以确定其农业生产潜力和可持续利用性。耕地地力，顾名思义，指的是耕地所具备的生产力。这种生产力受到多种因素的影响，包括土壤的物理性质、化学性质、生物学性质以及气候条件等。具体而言，土壤的有机质含量、氮磷钾等养分水平、土壤质地、酸碱度(pH)、土壤的保水保肥能力、通气性、土壤生物活性等因素都会直接影响耕地的地力。

耕地地力评价是基于对耕地的各种自然条件和人为管理措施的分析，确定其生产潜力和可持续利用能力的一种综合性评价方法。它通过对土壤、气候、农作物品种、耕作制度、施肥水平等多个因素的综合考量，来确定耕地的地力水平，并提供科学依据以指导农业生产。耕地地力评价的主要目的是明确土地的生产潜力，为土地的合理开发、利用与保护提供科学依据。通过耕地地力评价，农业生产者可以了解耕地的优劣势，优化种植结构和管理措施，从而提高土地的生产效率和可持续性。对政府部门而言，耕地地力评价是制定农业政策、规划土地利用以及实施土地保护措施的重要参考依据。因此，耕地地力评价在农业的可持续发展、粮食安全及生产效益中显得尤为重要。研究县域耕地生产力水平、按照统一标准对耕地地力进行综合评价和分等定级，对了解养分状况、科学配方施肥、提高耕地利用效率、促进县域农业发展具有十分重要的意义。

1.2　耕地地力评价的必要性

在农业生产中，人们对土地资源的需求尤为显著，尤其是对耕地资源的依赖[3]。随着现代社会的迅猛发展和人口的急剧增长，全球对粮食的需求不断攀升，迫切需要更大面积的耕地以及更高质量的耕地来保障粮食供给[4]。这不仅关乎粮食安全，也直接影响到国家的经济发展和社会稳定。耕地是农业生产的基础，它直接影响到粮食产量的高低和农业效益的实现。农用耕地占全球陆地面积的10%左右，作为农业生产中最重要的资源之一，耕地不仅对粮食生产安全具有举足轻重的作用，而且在保障生态环境安全和推动可持续发展方面也发挥着关键作用[5]。耕地资源的数量和质量，直接关系到一个国家的粮食自给能力和社会稳定。因此，在全球范围内，如何有效利用和保护耕地资源，成为各国政府和学术界关注的焦点。

根据 2022 年的数据，我国的耕地面积为 19.14 亿亩(1 亩 $\approx 666.7m^2$)，虽然在数量上看似庞大，但在质量和可持续性方面仍存在诸多问题。首先，耕地质量偏低，部分地区的土壤肥力较差，难以满足高强度农业生产的需求。其次土地的可持续性较差，部分耕地因过度利用或不合理的管理措施，导致土壤退化和生态环境恶化，影响了耕地的长远利用和农业的可持续发展[6]。在粮食产出方面，我国的粮食生产效率和质量也存在一定的问题。尽管我国粮食总产量有所提高，但由于耕地的生产潜力未能充分发挥，粮食产出的质量仍然偏低。此外，耕地保护政策的实施效果不尽如人意，部分地区存在"占优补劣"的现象，即优质耕地被占用，而用于补充的耕地质量较差，导致耕地资源的整体质量下降。随着我国经济的快速发展，工业化和城市化进程不断加快，对土地资源的需求也日益增加。这种背景下，农业用地尤其是优质耕地，面临着前所未有的压力[7]。大量的建筑设施和工业项目占用了优质的耕地，而余下的耕地大多质量较差，难以满足高产高效农业生产的需求。这不仅影响了粮食生产，也对生态环境造成了不利影响。此外，消费水平的提升和人们生活方式的改变，使农产品的需求结构发生了变化。为了满足国内日益增长的高质量农产品需求，我国农产品的进口量逐渐增加，而出口量则相对减少。这种"进口多、出口少"的现象，进一步加剧了国内农业生产的压力，也反映了我国在农业生产效率和国际竞争力方面存在的不足。

当前，我国农业效益相对较低，农村劳动力逐渐流失，加之土地流转不畅，导致大面积耕地撂荒。耕地撂荒不仅意味着土地资源的浪费，还对农业生产和粮食安全构成了威胁。农村人口向城市的大量迁移，使许多耕地无人耕种，或因管理不善导致地力下降，进一步削弱了这些耕地的生产潜力。此外，由于土地流转机制不完善，许多有意愿从事农业生产的经营者难以获得适宜的土地，从而限制了农业生产的发展[8]。

为保障粮食自给自足，耕地保护逐渐成为国家和社会关注的重点。然而，在实际操作中，由于政策执行不力和各地情况的复杂性，耕地保护的效果往往不尽如人意。尤其是优质耕地的大量流失和低质量耕地的增多，使耕地资源的利用效率和可持续性均受到了严重挑战。在此背景下，开展耕地地力评价显得尤为重要[9]。耕地地力评价不仅是一项科学工作，也是指导农业生产和土地利用的重要基础。通过对耕地地力的系统评价，可以准确评估耕地的生产潜力，揭示土地资源的实际价值，为合理规划和利用土地资源提供科学依据。

首先，耕地地力评价能够揭示耕地的生物生产力水平，确定其在不同行业、不同用途中的最佳利用方式。通过评价，农业生产者可以了解耕地的优势和不足，从而合理安排种植结构，选择适宜的作物品种和生产方式，提高土地的利用效率和产出水平。其次，耕地地力评价有助于保障农业生产的可持续性。在评价过程中，能够识别出易于退化或已经退化的耕地，从而采取必要的保护和修复措施，避免土地资源的进一步损失。通过科学的土地管理，能延长耕地的使用寿命，保持土壤的肥力和生态环境的平衡。再次，耕地地力评价为政府制定土地利用和农业政策提供了重要依据。通过科学的评价结果，政府可以更好地规划土地资源的配置，合理制定耕地保护措施，防止优质耕地的流失。此外，耕地地力评价也可以为土地补偿政策提供数据支持，确保"占一补一"的政策真正落到实处，避免"占优补劣"的情况再次发生。总的来说，耕地地力评价是保障农业生产和土地资源可持续利用的基础性工作。在全球粮食需求不断增长和土地资源日益紧张的背景下，科学地评估耕地地力，合理规划和管理土地资源，显得尤为重要。这不仅有助于提高农业生产效率和粮食安全水平，还能有效保护生态环境，推动经济和社会的可持续发展。因此，各级政府和相关部门应高度重视耕地地力评价工作，结合实际情况制定和实施科学的土地利用和保护政策，确保耕地资源的合理利用和长久发挥最大效益。

1.3 耕地地力评价研究动态

1.3.1 国外研究动态

耕地地力评价的起源可以追溯到19世纪末的俄国。1877年，俄国著名土壤地理学家道库恰耶夫在对黑钙土地区进行考察期间，首次提出了基于土地收益的土地评价概念。这一评价方法标志着人们开始从科学角度认识土地生产力，为后来的土地评价研究奠定了基础。随着20世纪初土地合理利用和农业发展的需求日益迫切，土地评价逐渐从简单的土壤考察发展为系统的农用地评价研究[10]。这一阶段的研究主要集中在土地资源的清查和合理利用，旨在为农业生产提供科学依据。20世纪初，随着农业生产的发展和土地利用需求的增加，世界各国开始重视农用地的评价研究。从这一时期开始，各国逐渐从土地清查转向系统化的农用地评价，并逐步制定了各自的土地评价体系。这些评价体系不仅考虑了土地的自然条件，还引入了土地的经济效益和社会价值的评估方法，为农业发展提供了更加全面的决策依据。1976年，联合国粮食及农业组织（Food and Agriculture Organization of the United Nations，FAO）正式颁布了《土地评价纲要》（*A Framework for Land Evaluation*）。这一纲要是国际上最具影响力的土地评价方案之一，它为全球土地评价研究提供了标准化的框架[11]。《土地评价纲要》不仅在形式上规范了各国的土地评价方法，还为土地资源的分析和优化配置提供了科学依据。通过这一纲要，全球土地评价研究进入了一个新的阶段，各国在土地利用决策中逐渐采用标准化的评价体系，提升了土地资源的管理效率。进入20世纪80年代，美国农业部土壤保持局在对土地潜力进行分类的基础上，提出了土地评价和立地评估（land evaluation and site assessment，LESA）系统。这一系统特别强调了农田立地条件对土地利用的影响，旨在为土地规划和管理提供科学依据。LESA系统不仅关注土地的自然条件，还考虑了土地利用的社会和经济效益。这一评价系统在美国得到了广泛应用，为合理的土地利用决策提供了有力支持[12]。进入20世纪90年代，全球可持续发展战略逐渐成为各国关注的重点，土地资源的可持续利用也成为土地研究的核心议题[13]。土地资源可持续评价逐渐成为土地评价研究的新热点，研究者们开始更加注重土地利用的长远影响和可持续性。1993年，FAO颁布了《可持续土地利用评价纲要》(Guidelines for Sustainable Land Management)，提出了土地可持续利用的基本原则、程序和评价标准。该纲要明确了五项评价标准：土地的生产性、土地的安全性或稳定性、水土资源保护性、经济可行性和社会接受性。这些标准成为全球土地可持续利用管理的重要指导方针，并被广泛应用于各国的土地评价和管理实践中[14]。这一纲要的颁布，标志着土地评价研究进入了一个更加系统化和科学化的阶段。研究者们在进行土地评价时，不仅关注土地的当前利用效率，还考虑了土地的长远可持续发展。这一转变使土地评价研究不仅服务于农业生产，还为生态环境保护和社会经济发展提供了科学依据。

1.3.2　国内研究动态

我国耕地地力评价的研究具有悠久的历史，早在两千年前就开始了基于不同土壤性质的肥力区分和分类研究。这可以说是世界上最早的耕地评价实践之一[15]。随着历史的发展和新中国的成立，我国的耕地地力评价工作得到了进一步的发展和深化，特别是在解决粮食问题和推动经济发展的背景下，耕地评价成为国家的重要任务之一。新中国成立后，为了应对粮食短缺和推动经济发展，国家迅速开展了全国性的土壤肥料工作。20世纪50年代，国家召开了第一次全国土壤普查暨土壤肥料工作会议，强调了垦荒和土壤改良的重要性，这一决策直接推动了全国范围内的耕地评价工作[16]。通过大规模的土壤调查和分类研究，我国初步掌握了各地土壤的肥力情况，为农业生产提供了宝贵的数据支持。

1958年，我国开展了第一次全国土壤普查工作，这是耕地地力评价的重要里程碑。普查系统地收集了全国土地资源的类型、数量、分布和土壤的基本性状信息。这一普查奠定了我国耕地资源基础数据的初步框架，明确了各地区土壤的基本状况。1979年，国家启动了第二次全国土壤普查工作。这次普查更加全面和深入，特别是在普查之后，进一步开展了土壤类型资源性调查，明确了土壤的分布特点和基本性质[17]。1994年，基于这两次普查的数据，编写了《中国土壤》《中国土种志》《中国土壤普查数据》等重要文献，并绘制了包括1∶100万的土壤比例图、1∶400万的土壤改良分区图和土壤养分图在内的多种图表。这些研究成果为我国耕地资源的合理利用和农业发展的推动奠定了坚实的科学基础[18]。

随着科学技术的飞速发展，特别是地理信息系统(GIS)、全球定位系统(GPS)、遥感(RS)技术等高科技手段的广泛应用，我国的耕地地力评价工作在数据更新、动态评价和评价精度上取得了显著进步。这些技术使复杂信息的分析、处理变得更加高效和准确，为大规模耕地地力评价提供了技术支持。自1984年以来，农业部门建立了200多个全国点位的耕地地力监测和评价数据库。这些数据库为全国范围内的耕地地力监测提供了丰富的数据来源，为耕地资源的管理和保护提供了科学依据。1986年，农牧渔业部土地管理局开始划分农用地的自然生产力级别，为不同区域的土地利用和农业规划提供了科学分类依据。这一工作为后续的耕地地力评价奠定了基础。1995年，中国农业科学院土壤肥料研究所对县级单位的耕地进行分区评价，并提出了相关耕地质量指数。这一研究成果为各地耕地的合理利用和改良提供了科学依据。1997年，农业部根据全国粮食单产水平，将全国耕地划分为七个耕地类型区，并对耕地地力等级进行了细致划分，确定了各类耕地的等级范围及相关地力要素指标体系。这一评价体系的建立，使我国的耕地评价工作更加标准化和科学化，为耕地资源的优化配置和科学管理提供了坚实基础。2002—2003 年，农业部进一步开展了耕地地力评价体系的建设工作。此项工作重点是建立国家耕地分级数据库和管理信息系统，全面摸查全国耕地质量的时空演变状况，并识别出耕地利用中的关键问题。这一系统为国家层面的耕地保护、耕地质量建设、测土配方施肥提供了科学指导。

近年来，随着现代化技术的深入应用，我国的耕地地力评价已经迈入数据化、智能化的新阶段。通过遥感、大数据分析、人工智能等技术手段，耕地地力评价工作变得更加精准和高效。这不仅提高了耕地资源的利用效率，也为应对气候变化、保护生态环境提供了有力支持。未来，耕地地力评价工作将继续深化，重点关注以下几个方面：一是进一步提升评价精度，结合更多的高科技手段进行数据分析和处理；二是加强对耕地质量时空演变的动态监测，及时发现问题并采取相应措施；三是推动耕地保护政策的实施，加强耕地资源的合理利用和可持续发展。

第 2 章 区 域 概 况

2.1 位置与区划

2.1.1 地理位置

贵阳市地处贵州省中部，苗岭中段，处于长江与珠江两大流域分水岭地带，是贵州省的政治、经济、文化、教育、科学技术、交通中心，也是中国西南地区重要的交通通信枢纽、工业基地及商贸旅游服务中心。贵阳市因位于境内贵山之南而得名，简称"筑"，也称"金筑"。其地处东经 106°07′~107°17′，北纬 26°11′~27°22′，东南与黔南布依族苗族自治州的瓮安、龙里、惠水、长顺 4 县接壤，西靠安顺市的平坝区和毕节市的织金县，北邻毕节市的黔西、金沙 2 县和遵义市的播州区。截至 2023 年底，贵阳市土地总面积 8043.45km²，占全省土地面积的 4.6%。

2.1.2 行政区划

截至 2023 年底，贵阳市辖云岩、南明、花溪、乌当、白云、观山湖 6 个区和修文、息烽、开阳 3 个县、清镇市及贵安新区。全市共 9 个乡，17 个民族乡，45 个镇，689 个社区居委会，912 个村民委员会，802 个社区服务机构，73 个街道办事处。

2.1.3 农业区划

基于贵阳市现代农业总体布局和贵阳市都市现代农业功能定位，贵阳市都市现代农业发展生产定位为"五区多园"。"五区"是指以科技创新和服务配套为主导的都市农业区、以健康产业为引领的都市农业区、以休闲观光为核心的都市农业区、以生态涵养为根本的都市农业区和以城市"菜篮子"供给为任务的都市农业区。"多园"围绕畜、禽、蛋、奶、蔬、果、药、茶、花等特色产业，加快基本农田建设步伐，大力实施农业园区增量提质工程，推进基地园区化、园区景区化、产业科技化配套建设，鼓励实施一园多区和建设园中园，形成各具特色、百花争艳的园区化发展格局。培育一批生态游、乡村游、休闲游、农业体验游、保健养生游等类型的业态产品，丰富旅游生态和人文内涵，助力当地农民依靠山水文化增收致富。加强区域协作和交流合作，积极推进筑台农业合作，打造一批集生产、生活、生态功能于一体的综合农业园区。通过建设类型丰富、内涵多样的大量现代高效农业园，以点为单元，串点成线，以线带面，实现园区建设全域化，辐射带动全市推动农业供给侧结构性改革，促进农业转型升级，引领西部山区农业现代化发展。

2.2 自然环境概况

2.2.1 地形地貌

贵阳地处云贵高原黔中山原丘陵中部，总地势西南高、东北低，是一个没有平原支撑的省会城市。苗岭横延市境，岗阜起伏，剥蚀丘陵与盆地、谷地、洼地相间。相对高差100~200m，最高峰位于清镇市北部的云归山，海拔1762.7m；最低处在开阳县乌江出境口水面，海拔609.2m。贵阳平均海拔为1250m，大部分地区海拔在900~1500m。中部层状地貌明显，主要有贵阳－中曹司向斜盆地和白云－花溪－青岩构成的多级台地及溶丘洼地地貌。峰丛与碟状洼地、漏斗、伏流、溶洞发育。较平坦的坝子有花溪、孟关、乌当、金华、朱昌等处。南明河自西南向东北纵贯市区，流域面积约占市区总面积的70%。贵阳地貌属于以山地、丘陵为主的丘原盆地地区。其中，山地面积4218km²；丘陵面积2842km²，坝地（相当于"平地"的山间平坝）较少，仅912km²；此外，还有少量的峡谷等地貌。贵阳市地层从前震旦系板溪群至第四系均有出露，其中寒武系、二叠系、三叠系发育最全，寒武系、三叠系分布面积最广，约占80%，多为浅海相碳酸盐岩类地层，三叠系上统至第四系为陆相沉积，二叠系上统为海陆交替相沉积，底部有峨眉山玄武岩喷发，前震旦系板溪群为沉积浅变质岩。市内褶皱构造明显，以南北向及北东向为主，断层裂隙十分发育，特别是贵阳市区及北部一带，断层裂隙纵横交错，地下岩溶裂隙及管道密集，成为地下水富水地带之一。贵阳市属于喀斯特发育典型地区，喀斯特地貌面积达6831km²，约占总面积的85%，石多土少，易发生石漠化。

2.2.2 气候条件

贵阳市地处云贵高原东部，属亚热带季风性湿润气候，夏无酷暑，冬无严寒，雨水充沛，空气湿度适宜，四季无风沙。境内地貌多样，高差悬殊，立体气候明显。年平均气温在12.8~15.3℃，最冷的1月平均气温在2.0~4.9℃，最热的7月平均气温在22.3~24.1℃，年极端最低气温为-7.3℃，年极端最高气温为35.1℃。年平均阴天日数为235.1天，年平均日照时数为1148.3h，年降雪日数少，平均仅为11.3天。全年最高气温高于30℃的日数少，近些年平均仅为35.8天，大于35℃的天数仅为0.3天，紫外线强度较弱。

贵阳市处于太阳辐射量全国低值区，太阳年辐射量2886~4351MJ/m²，以7、8月最多，12月至次年1月最少，最多月约为最少月的3.1倍。光照略差，平均年日照时数年内分布与太阳辐射大致相同，最多月约为最少月的3.8倍。年相对湿度77%~85%，地表蒸发量1088~1356mm，无霜期为268~288天；全年主导风向北偏东，年平均风速不超过2m/s，静风频率23%。

贵阳市多年平均年降水量1120mm，降水年内分配不均，多集中在每年5~8月，占全年降水量的70%~80%，12月至次年2月降水量不足全年的4.5%。夜间降水量占全年降水量的70%。降水年际变化不大，最大年降水量为1761mm（1954年），是最小年降水量719mm（1981年）的2.45倍。贵阳雨日相对较多，但主要集中在两个时段：一个时段出现在每年的5、6月，太平洋热带海洋气团以夏季风的形式进入贵阳，此时贵阳的雨季到来，因此阴雨天较多。另一个时段出现在每年的11月至次年2月，此时北方冷空气南下，冷气团从贵阳向昆明方向移动时要爬行云贵高原，移动速度极其缓慢，处于准静止状态，形成了著名的"云贵准静止锋"（又称昆明准静止锋），贵阳处于准静止锋的锋面下，因此形成阴雨绵绵的天气。而在每年的7~9月，晴天则相对较多，有的年份甚至有半个月无雨，出现"伏旱"。因日照少，绵雨多，贵阳发生的灾害性天气主要有干旱（春旱和伏旱）、秋季低温绵雨、倒春寒、冰雹和暴雨等。

2.2.3　植被资源

贵阳市是全国首个"国家森林城市"，地带性植被为亚热带常绿阔叶林。贵阳境内植物资源极为丰富，全市有维束植物117科489属1300多种，蕨类植物29科61属145种，被子植物147科428属1155种，药用植物150余种，以何首乌、天门冬、忍冬、白及、丹参、龙牙草等资源丰富，天麻、杜仲、喜树、银杏等栽培较多，特有珍稀植物有铁坚油杉、润楠、短叶石楠、贵州石楠、高坡四轮香及银杏、猴樟等。农作物除南亚热带、热带作物外，均有种植，有粮油、果、蔬菜及主要经济作物品种879个，其中推广栽培的蔬菜有15类156个品种，粮油及经济作物257个品种，果树6大类176个品种，各种可药用的草本植物有127科近700种，经济林木140种。国家重点保护的植物有香果树、鹅掌楸、乐东拟单性木兰、青檀、青钱柳、银杏、杜仲、天麻、厚朴等。贵阳市较大面积的成熟林分布在贵阳市风景区及扎佐林场一带，这些成熟林以阔叶树种为主，主要包括棕属和橡属；针叶树种如马尾松、杉木和柏树等则次之。贵阳市查明的菌类植物中，可食用的伞菌就有37种，以长裙竹荪、木耳、牛肝菌、松乳菇、多汁乳菇、羊肚菌等为常见食用品种，药用菌以灵芝、紫芝、茯苓较常见。苔藓植物有128种，分属42科80属。现今贵阳市城区原生植被已经被完全破坏。全市以壳斗科、樟科、山茶科为主的阔叶林，在乌当区百宜镇、花溪区高坡苗族乡等远郊区及周边深山尚有小面积残存。2021年贵阳市林地总面积为418793.06hm^2，全市森林覆盖率为55%。

2.2.4　水文条件

贵阳处于长江水系与珠江水系的分水岭地带。以花溪区桐木岭为界，桐木岭以北属长江流域乌江水系，以南属珠江流域红水河水系。长江流域乌江水系的流域面积为7565km^2，约占全市面积的94%，珠江流域红水河水系的流域面积为469km^2，约占全市面积的6%。贵阳市境内河长大于10km或流域面积大于20km^{2}的河流共107条：其中属长江流域的河流共99条，属珠江流域红水河水系的共8条。主要河流有长江水系的乌江、南明河、猫跳河、鸭池河、暗流河、鱼梁河、谷撒河、息烽河和洋水河以及珠江水系的蒙江。

1. 长江流域

乌江为贵阳市最大河流，由西部清镇市流入，环绕西、北市界，是贵阳市与毕节市、遵义市的界河，清水河汇入后流域面积 40942km²，天然落差 192.5m，多年平均流量为 700m³/s。在贵阳市境内河长大于 10km 或流域面积大于 20km² 的一级支流有清水河、猫跳河、息烽河等 13 条，二级支流有暗流河、麦架河、修文河、鱼梁河等 43 条，三级、四级支流有谷岔河、金钟河、都溪河、翁昭河等 42 条。

清水河为乌江右岸一级支流，发源于安顺市平坝区的白泥田，经松柏山水库、花溪水库、贵阳市区、乌当区东风镇，于两岔河附近纳独木河后经福泉市、瓮安县、开阳县三县（市）后汇入乌江，全长 219km，流域面积 6611km²，多年平均流量 104m³/s。流域内已建成松柏山、花溪、阿哈三座中型水库，主要承担贵阳市城区的防洪和供水任务。清水河在贵阳境内的支流有鱼梁河、三江河等 51 条。

猫跳河为乌江右岸一级支流，主源发源于安顺市西秀区七眼桥镇郑家屯，经大西桥镇、刘官乡、黄腊乡、羊昌乡、高峰镇，于焦家桥汇入红枫湖水库，其他支流秀洞河、麻线河、马场河分别发源于安顺市麦山岭、广顺"七一"水库、清镇市新院，分别于偏山寨、青鱼塘、向阳坡汇入红枫湖水库，猫跳河自南向北流经清镇市、白云区、修文县等地，在修文县青杠坝附近注入乌江，全长约 180km，流域面积约 3200km²，其中贵阳市境内面积为 1672.1km²，多年平均流量 55.9m³/s。猫跳河上已建成红枫、百花、李官、修文、窄巷口、红林、红岩 7 个梯级水电站，红枫湖、百花湖两个大型水库已成为生活、工业及农田灌溉的供水水源地，也是重要的旅游风景区。猫跳河在贵阳市境内的支流有暗流河、麦架河、修文河等共 23 条。

息烽河是乌江的一级支流，发源于息烽县境内南端猫场的大关冲，全长 58.4km，流域面积 463km²，多年平均流量 6.74m³/s。支流有葫芦水河等 7 条。

2. 珠江流域

贵阳市南部河流属于珠江流域红水河水系，涟江发源于贵安新区党武街道摆牛村，由北向南流经花溪区青岩镇、惠水县及三都县，在罗甸县双河口与蒙江主源格凸河汇合，河流全长 142km，流域面积 2335km²，其中贵阳市境内河长 30km，流域面积 260.8km²，多年平均流量为 4.83m³/s。涟江在贵阳市境内的支流有翁岗河、杨眉河等 7 条。

3. 主要湖库

贵阳市有大中型水库（湖泊）共 19 处（包含鱼洞峡、红岩、桃源、那卡 4 处，供水设施未建完）：其中大型水库 5 座，中型水库 14 座。其中具有供水、灌溉任务的湖泊水库有红枫湖水库、百花湖水库、阿哈水库、花溪水库、松柏山水库等。

2.3 社会经济概况

2021年贵阳市实现地区生产总值4674.76亿元，同比增长6.6%。其中，第一产业增加值193.44亿元，增长7.8%；第二产业增加值1647.72亿元，增长5.4%；第三产业增加值2835.60亿元，增长7.3%。人均生产总值77319元，增长5.2%。

全市2021年末常住人口610.23万人，比上年增长1.9%；年平均人口604.61万人，比上年增长1.3%。全年贵阳市城镇居民人均可支配收入达43876元，比上年增长8.9%，扣除价格因素实际增长8.4%。每百户居民拥有的家用汽车和移动电话机数量分别为60.4辆和267.3部。农村居民人均可支配收入达20565元，比上年增长10.1%，扣除价格因素实际增长10.2%；城乡收入比由上年的2.16下降到2.13。就业困难对象实现再就业11637人；农村富余劳动力转移人数38032人；城镇失业人员就业人数48551人；城镇新增就业人员15.31万人，比上年增加1.43万人；年末全市城镇登记失业率为4.49%。

贵阳市位于中国西部的几何中心，是国家综合立体交通网主骨架布局粤港澳—成渝主轴、西部陆海走廊、沪昆走廊的重要节点城市，近年来交通基础设施不断完善、运输服务能力显著增强，基本建成西部陆海新通道交通枢纽体系。域内县县通高速、乡镇通柏油路、组组通硬化路。贵阳贵安高速公路对外出口共11处，总里程突破600km，可通过沪昆、兰海—沪蓉等高速通道直达华东区域。贵阳高铁可直达北京、上海、广州、深圳、重庆、成都、昆明等中心城市和南京、苏州等东部重要城市，高铁网与普速铁路网贵昆线、川黔线、湘黔线、黔桂线共同构成"米"字形铁路干线，四通八达。全市已经初步构建至周边省会城市(自治区首府)成都、重庆、长沙、昆明、南宁、广州2~4h高铁圈。

2.4 农业生产概况

2.4.1 主要农作物种植情况

贵阳市2021年粮食播种面积128.72万亩，比上年增长3.6%；其中，稻谷播种面积39.38万亩，比上年下降3.3%；玉米播种面积49.51万亩，比上年增长7.9%；豆类播种面积10.08万亩，比上年增长11.2%；薯类播种面积27.14万亩，比上年增长7.1%。全年粮食产量39.36万t，比上年增长4.6%。其中，夏粮产量5.09万t，下降10.9%；秋粮产量34.27万t，增长7.3%。

高标准农田面积占耕地面积的40.0%，经济作物种植面积占比提高到75.0%；林下经济利用面积达122.5万亩，实现产值107.6亿元。农业机械总动力达207.96万千瓦；投入各类农业机械10万台(套)，实现机耕面积325.9万亩、机播面积21.88万亩、机收面积55.22万亩，主要农作物综合机械化率达49.54%。

2.4.2 耕地利用情况

据 2021 年贵阳市土地利用现状变更调查统计[①]，全市共有耕地面积 186719.70hm²，其中水田 45562.76hm²，旱地 140224.31hm²，水浇地 932.63hm²。园地面积 46510.05hm²，其中果园 39684.54hm²，茶园 2798.49hm²，其他园地 4027.02hm²。林地面积 418793.06hm²，其中乔木林地 273590.3hm²，灌木林地 135696.82hm²，竹林地 845.25hm²，其他林地 8660.69hm²。草地面积 4375.32hm²，其中天然牧草地 18.80hm²，人工牧草地 13.40hm²，其他草地 4343.12hm²（表 2.1）。

---

① 2020 年 3 月，贵州省委常委赋予贵安新区经济管理权，因此本书数据仍按贵阳市六区三县一市统计，不计贵安新区。

表 2.1　2021 年贵阳市主要土地利用类型概况（单位：hm²）

行政区域	耕地 小计	水田	水浇地	旱地	园地 小计	果园	茶园	其他园地	林地 小计	乔木林地	竹林地	灌木林地	其他林地	草地 小计	天然牧草地	人工牧草地	其他草地
贵阳市	186719.70	45562.76	932.63	140224.31	46510.05	39684.54	2798.49	4027.02	418793.06	273590.30	845.25	135696.82	8660.69	4375.32	18.80	13.40	4343.12
南明区	1516.36	321.93	22.92	1171.51	1962.09	1846.76	13.97	101.36	7726.54	4724.10	7.55	2604.26	390.63	317.82	—	—	317.82
云岩区	415.58	5.32	20.97	389.29	446.31	438.79	—	7.52	3312.03	2582.89	1.45	621.75	105.94	35.55	—	—	35.55
花溪区	25101.72	9121.86	75.05	15904.81	3106.46	2393.05	505.30	208.11	45627.76	28249.95	41.54	16043.62	1292.65	888.81	0.30	—	888.51
乌当区	9667.33	3420.23	23.37	6223.73	8179.51	6214.05	151.83	1813.63	40228.92	27593.22	527.11	11802.10	306.49	244.48	4.04	1.79	238.65
白云区	3826.76	1282.30	7.29	2537.17	1189.94	982.04	25.50	182.40	11908.76	8662.00	0.86	2797.10	448.80	325.72	—	—	325.72
观山湖区	3349.83	942.20	3.08	2404.55	1488.02	1195.45	183.45	109.12	14282.02	10845.43	3.73	2946.43	486.43	243.29	—	—	243.29
开阳县	54358.69	13715.47	285.52	40357.70	6953.99	5247.91	1540.59	165.49	114927.80	78905.99	25.60	34393.78	1602.43	896.00	—	—	896.00
息烽县	25212.50	4989.14	110.23	20113.13	6288.21	5530.36	29.99	727.86	56380.29	43199.45	59.56	12390.24	731.04	308.49	—	—	308.49
修文县	23982.64	4296.27	68.24	19618.13	9485.59	9401.55	60.39	23.65	57636.22	36404.41	17.13	19638.51	1576.17	472.36	—	0.20	472.16
清镇市	39288.29	7468.04	315.96	31504.29	7409.93	6434.58	287.47	687.88	66762.72	32422.86	160.72	32459.03	1720.11	642.80	14.46	11.41	616.93

第3章 耕地土壤

耕地土壤是农业生产的基本物质基础，为农作物的生长提供必要的营养元素和物理支撑，是人类生存最基本、最广泛、最重要的自然资源。耕地土壤的科学开发、利用和保护，能保证土壤中的物质和能量保持动态平衡，促进耕地的可持续发展，确保农业生产的协调发展，不断满足人类生产和生活日益增长的物质需求。反之，则会打破土壤中物质和能量运动的动态平衡，耕地土壤资源将发生退化、枯竭，导致数量减少、质量降低，引起土壤生态系统的恶化，影响农业生产的正常发展和社会经济的发展。通过客观地对贵阳市耕地土壤资源数量、分布规律、类型、理化性质进行统计分析和评价，为区域耕地土壤的科学合理利用、改良和保护提供依据，有助于科学指导农业产业布局区划和合理施肥，确保节约集约合理高效地利用现有耕地土壤资源和促进耕地土壤资源的可持续发展，能有效促进粮食增产、农民增收和山地高效现代农业的健康发展。

3.1 土壤的成土过程及形成特点

3.1.1 主要成土过程

土壤形成过程是指在一定条件下，母岩和母质与生物、气候因素以及土体内部进行物质与能量迁移转化过程的总体。其中，母岩或母质与生物之间物质及能量的交换是主导过程；母质与气候之间能量的交换是基本动力；土体内部物质、能量的迁移转化是实质内容。在一定地理位置、地球重力场和地形等环境因素影响下，使成土过程向不同的方向、速度和强度发展，形成相应的土壤类型。环境条件的多变性便决定了成土过程的复杂性和土壤类型的多样性。

贵阳市环境条件多变，成土过程复杂，除原始过程外，尚有以下主要成土过程。

1. 脱硅富铝化过程

在热湿气候条件下，化学风化作用强烈，铝硅酸盐矿物彻底分解，释放出大量盐基物质，使风化液呈中性至微碱性反应，造成盐基离子不断从风化液中流失。分解产物中的硅酸在碱性风化液中扩散，随盐基一起流失，造成脱盐基和脱硅过程。与此相反，铝、铁、锰、钛等元素在碱性风化液中发生沉淀而滞留于原来的土层中，造成富集。其中，铁、锰两种元素还能在还原条件下迁移，铝在还原条件下也不发生移动，故脱硅和铝的富集是此成土过程的主要特征，称为脱硅富铝化过程。随着时间推移、强度提高，脱盐基过程导致土壤变酸，脱硅富铝化过程导致硅铝率降低。由于贵阳市处于黄壤地带，脱硅富铝化程度较红壤带弱，硅铝率高于红壤。

2. 黄化过程

贵阳市雨量丰富，日照少，地表蒸发量小，阴雨日多，相对湿度大，土体经常保持湿润状态，使土壤中氧化铁水转化为针铁矿[$FeO(OH)$]、褐铁矿($Fe_2O_3 \cdot nH_2O$)，而使土壤剖面，尤其是心土呈黄色、红黄色或棕黄色。因此，贵阳市黄壤除具有较为明显的脱硅富铝化作用外，还有明显的黄化作用。

3. 有机质聚积过程

在各种生物作用下，土体中特别是土壤表层进行有机质积累的过程，称为有机质聚积过程。聚积的有机质经腐殖化作用，使土体发生分化，在土体上部形成一个暗色的腐殖质层，腐殖质含量越高，颜色越暗。

从土壤有机质含量状况来看，贵阳市土壤有机质聚积除与植被覆盖度（正相关）和植被类型（如阔叶林土壤有机质含量为7.89%，针叶林下为3.52%，草坡下为4.88%）密切相关外，还与有机质的矿质化和腐殖化综合作用密切相关。贵阳市属亚热带季风性湿润气候，腐殖化作用大于矿质化作用，黄壤有机质含量高于红壤，低于山地黄棕壤。因土地利用方式不同，腐殖化强度也不尽相同，旱耕地土壤通透性强于自然土。腐殖化强度弱于自然土，有机质含量相应低于自然土。稻田淹水下呈还原状态，腐殖化强度大于旱地，有机质含量高于起源旱土；长期处于还原条件的潜育型水稻土，矿化强度极弱，有机质含量远大于氧化还原交替的潴育型水稻土；冷水田水冷土温低，腐殖化强度大，有机质含量显著高于同为潴育型稻田的其他土种。

4. 淋溶过程

贵阳市土壤淋溶过程，主要是在降水或灌溉水作用下，矿物风化释放的物质，施肥、地表径流、侧渗水等补充入土体中的物质及扩散悬浮于土壤溶液中的胶粒从土体原来部位移到下部或移出土体，造成一些物质的迁移或损失的过程。

贵阳市雨量丰富、雨日多，地表蒸发量小，土壤淋溶作用较强烈，物质的迁移或损失量较大，但因其利用方式不同，体现的特征各异。

自然土物质的迁移或损失，使土体分异，形成淋溶层，造成养分损失、肥力减退，尤其黄壤受到淋溶后，pH、盐基饱和度变低，离子代换量低。耕作土壤中，由于人为作用的控制与调节，一般虽未显现淋溶层的形态特征，但实际上也发生了较为强烈的淋溶过程，尤其稻田长期实行漫灌，更加剧了这一过程。

5. 复盐基过程

岩溶丘陵中下部残留的酸性母质或残存的酸性土壤，受邻近碳酸盐类岩石的影响，土体上部或全剖面复钙，以致由上至下酸度降低或全剖面呈中性至微碱性。贵阳市酸性母质复钙而成的次生石灰土达48503亩。

6. 潴育化过程

土壤潴育化过程是土壤在干湿交替状况下进行氧化还原的过程。该过程往往在坝子、缓丘、湾冲或山槽的水源保障率高，排水条件较好，地下水位较低地段发生。雨季地下水位升高，土壤呈还原状态，高价铁锰氧化物被还原为易溶性低价铁锰氧化物，向心土移动；旱季地下水位降低，土壤呈氧化状态，低价铁锰化物被氧化为难溶性的高价铁锰氧化物而淀积于心土层，漫长的耕作历史中，随着雨季与旱季的频繁出现，土壤干湿交替频繁，其氧化还原过程反复进行，铁锰还原下移后，氧化淀积，久而久之形成明显的斑纹层，即潴育层。该层的特点是：原来的大棱柱结构皲裂成较小的棱柱状或棱块状结构，垂直节理明显，灌溉水可沿垂直裂缝适当下渗，土体内部则充满空气，对调节水气矛盾起重要作用。因此，潴育层的有无和厚薄，可作为水稻土培肥熟化的指标，往往是潴育层段发育越完善，其肥力水平越高。

7. 潜育化和次生潜育化过程

潜育化过程系稻田土体中发生的还原过程。地势低洼，排水不畅，地下水位较高地段，整个土体或土体下部，长期被地下水浸渍，氧气缺乏，土体呈还原状态，有机质嫌气分解产生较多的还原物质，加剧其还原强度，使高价铁锰转化为低价铁锰，从而形成青灰或蓝灰色的潜育层。

当地下水只能长期浸渍土体下部时，则伴随灌水与落水，地表水与地下水连接与不连接交替进行，灌水期间地表水与地下水连接，整个土体处于还原状态，落水后又可能处于氧化状态，而使潜育层可能有少量锈纹。潜育层具有冷、毒等特性，是贵阳市稻田的一个主要障碍层次。

同时，次生潜育化过程也很明显。该过程并非地下水长期浸渍引起，主要是熟化较好的坝田，由于忽视冬季旱作或炕冬的重要性，长期泡冬，使土壤上层渍水，导致耕层以下或下部耕层以下土体处于缺氧状态而发生还原过程。其特点是首先自犁底层起，逐渐向下发展，到达强度发育阶段，其下部耕层也分化出青泥层。

8. 沼泽化和脱沼泽化过程

沼泽化和脱沼泽化过程是贵阳市泥炭田、草炭土的主要成土过程，地势低洼、地表水多，地下水位高地段土壤经常处于季节性或长期积水状态，莎草科杂草等喜湿植物茂盛，使土体上部聚积大量有机质。这些有机质在土壤过湿条件下，不被矿质化或腐殖质化而形成泥炭。泥炭比重小，吸水量大，干时强烈收缩；有机质的分解度低，泥炭层仍保留植物有机体的组织原状。土体下部缺氧，大量有机物质进行嫌气分解产生较多的还原物质，使之长期处于还原状态，铁锰被还原往往形成青灰或蓝灰色的潜育层。还原后的铁锰常以离子或络合物状态淋失。淋溶强烈地段，低价铁锰所存无几，则呈白色或灰白色。

脱沼泽化过程是在自然条件或人为作用改变下，土壤排除积水，向利于农业生产方向发展的过程。其特征是土壤通气状况改善，氧化作用增强，好气性微生物活动占优势，促进有机质的分解和养分转化，土壤生产力有所提高。

9. 漂洗

土壤漂洗过程主要是土壤滞水，土体中出现还原解离铁、锰作用，使某一土层发生漂白的过程，往往是漂洗层之下具有隔水层（石板层和质地黏重的土层），土壤水分不能直渗，只能顺其坡向或石板倾斜方向缓慢侧渗，造成土壤滞水。雨季或灌水时，土壤积水，土体处于还原状态，铁、锰还原随侧渗水流失，而出现白色或灰白色的土层。旱季或落干时，土体无积水，处于氧化状态，残存的低价铁锰氧化淀积，使白土层出现红棕色锈斑，漂洗层下部的淀积层段，锈纹锈斑更为明显。

自然土仅随干湿季节变化发生氧化还原交替，耕作土除具有这种特征外，还伴随灌水与落干氧化还原交替出现，往往后者占主导地位。

10. 耕地熟化过程

人类经过耕作、施肥、改良等方法，不断改变土壤原有的不良性状，使土壤向利于作物稳产、高产方向发展的定向培育土壤的过程为熟化过程。为培育高产稳产的土壤肥力，通过植树造林、退耕还林、坡改梯和挖拦山沟等措施改造不利的自然成土条件。深耕、客土、垫油砂、促潴育等措施改善土体构型。在调节土壤水肥气热方面也采取了若干措施，如精细整地、适时炕冬和泡冬、改善土壤结构；兴建水利设施，改善灌溉条件；增施有机肥、绿肥，改善土壤理化性状；合理轮作降低地力消耗；合理施肥，维持土壤养分平衡等。

通过工程、生物、耕作、管理、灌溉、施肥等措施，耕地土壤得到不同程度熟化，但熟化速度较慢。

11. 土壤退化过程

土壤退化过程是以人为因素为主导，人为因素与自然因素综合作用下，土壤肥力降低的反向发育过程。通过土壤普查资料分析，贵阳市土壤退化现象十分严重，表现为水源涵养能力低，土壤侵蚀、土壤酸化、砾石碳化、矿毒化、潜育化、漂洗化和土壤养分失调等。

引起土壤退化的自然因素，如地形起伏、坡度大，雨量丰富、降雨集中、雨日多以及暴雨频率较大等，成为土壤侵蚀的先天性条件。但引起土壤退化的主要是人为因素，如盲目采伐导致森林覆盖率下降，水源涵养能力降低，水源日趋枯竭。毁林毁草开荒以及陡坡种植等加剧水土流失。忽视水旱轮作、长期泡冬，土壤潜育化、漂洗化作用等不断加剧。锈水灌田、矿毒化作用继续发展。重视用地、忽视养地，导致地力消耗大，土壤养分不平衡，缺素面积大。因此，普及科学技术、推广科学种田、防止土壤退化，已是燃眉之急。

3.1.2 土壤形成特点

贵阳市为南北山地崛起的丘原盆地，地貌类型多样，山地、丘陵、山间盆地相间分布，除岩溶地貌大量分布外，还有侵蚀剥蚀地貌、构造地貌和堆积地貌。复杂的地形地貌使贵阳市土壤具有以下形成特点。

1. 土壤类型多样性

贵阳市成土条件复杂，土壤类型多样，同一坝区的东、南、西、北、中乃至坡顶、坡腰、坡麓，村前村后，坎上坎下土壤类型各不相同，呈现"十里三异貌，数步土变化"的景观特征。

2. 土壤肥力多变性

土壤肥力深受自然条件和耕作管理措施影响，由于这些因素的影响程度不尽相同，土壤肥力变化多样。

不同地貌类型下的土壤，其土层厚度、耕层厚度、养分含量以及土壤热、湿状况等悬殊，土壤肥力差异极大，往往呈：坝地＞丘陵＞山地；山麓＞山腰＞山顶。

土壤所处环境不同，其肥力变化多样，如地势开阔程度、离村寨远近、渍水程度、水源保障程度、坡向等不同，土壤肥力极不相同。非耕地土壤的自然肥力还随着植被庇护程度和植被类型而变化，植被覆盖度越高，自然肥力越高；反之越低；草被和阔叶林土壤，腐殖质累积量大，自然肥力高；针叶林土壤，淋溶作用强烈，自然肥力相对较低。

耕作措施的不同，也会引起土壤肥力的变化。有机肥施用水平、耕作制度、灌溉方式及灌溉制度、耕作水平和利用改良措施等对土壤的影响程度不同，土壤熟化或退化程度不同，肥力也不同，甚至同一地区的不同部位，肥力也相差较大。

3. 地带性不一致明显

剖析黄壤标本，心土层颜色较母质层浅，并往黄色方向发育，表明地带性成土过程的一致性，但黄壤心土色彩斑斓，典型黄色很少，反映出明显的地带性不一致现象。

心土颜色与母质关系密切。母质不同，显色概率差异极大。典型黄色以泥页岩风化物概率最大，次为砂岩风化物；近似黄色以砂岩风化物概率最大，次为砂页岩风化物；棕色和红色以泥页岩风化物概率最大，次为砂页岩风化物；出现橙色的概率不大，泥页岩风化物不显灰和紫色，砂岩风化物不显紫色，砂页岩风化物显色齐全。

黄壤心土色泽繁多，各母质出现的概率相差大。其原因是同一气候条件下，由于母质不同，除主要黏土矿物类型相同外，伴随的黏土矿物则各有不同。

4. 土壤与岩组分布不吻合性明显

土壤与岩组分布面积十分不吻合，主要原因是岩溶缓丘地貌受碎屑岩组覆盖现象十分普遍，故地质图和岩组图上为碳酸盐岩组，而成土母岩却是碎屑岩，导致其明显的不吻合性，尤其北部岩溶缓丘最为典型，成土母岩并非白云岩和白云质灰岩，而是砂页岩，土体中至今仍有砂页岩半风化碎片。

5. 成土过程具有逆转性

人们往往根据对自然规律的认识来开展生产活动。虽然科学技术不断进步，农业科学技术水平不断提高，但地域间和生产者之间的科学技术水平悬殊，对自然规律的认识极不一致，不同的认识作用于生产，导致土壤向不同方向发育，使土壤熟化与退化、潜育与脱潜成为贵阳市成土过程逆转的主要表现形式。生产者的更替、认识自然规律的客观性与片面性频繁交替，造成土壤熟化—退化、潜育—脱潜不断逆转，阻碍土壤培肥熟化。因此，普及科学知识、提高决策者与生产者科学技术水平至关重要。

6. 初变发育土壤与深度发育并存

在以人为因素为主的人为因素与自然因素的综合作用下，形成了初变发育土壤与深度发育土壤并存的特点。

贵阳市自然条件利于土壤侵蚀，同时自然植被遭到破坏，加剧了其侵蚀程度。土壤流失，残留石砾，长期处于幼年阶段，故深度发育的土壤与幼年土壤同时存在。在黄壤中，深度发育的占54%，幼年黄壤占46%；在石灰土中，初度发育的占71%，深度发育的只占29%。水稻土则因水耕熟化措施的影响程度不同，产生初度与深度发育之分，深度发育的占71%，初度发育的占29%。

7. 高矿化土壤与低矿化土壤兼具

在土壤理化性状及环境条件的综合影响下，土壤有机质矿化能力相差极大，形成了高矿化土壤与低矿化土壤并存的特点。例如，土壤碳氮比，因土壤利用方式和土壤类型不同，碳氮比的极值与平均值各不相同。即使是同一土壤类型，碳氮比变化也比较大，这不仅显示了不同土壤类型在不同利用方式下高矿化与低矿化并存的情况，同时也表现出同一土壤类型的高、低矿化并存的格局。

3.2 土 壤 分 类

3.2.1 土壤分类的原则和依据

1. 土壤分类原则

贵阳市土壤分类，贯彻发生学和统一性两个原则。

(1)发生学原则。土壤是客观存在的历史自然体，根据土壤发生学原则，对土壤进行科学的归并，使之成为一个完整的科学体系，以揭示土壤发育演变的主导成土过程和次要过程，揭示成土条件、成土过程与土壤属性的必然联系，揭示土壤的发育演变规律及肥力水平，为农、林、牧合理利用土壤和提高土壤肥力提供科学依据。

(2)统一性原则。土壤是一个整体，它既是历史自然体，又是劳动的产物。耕作土壤是自然土壤经垦耕、改良、熟化而成的，两者既有发生上的统一性，又有发育阶段上的差异性和特殊性。因此，进行土壤分类时，必须贯彻统一性原则，将耕种土壤及相应的自然土壤归入同一土类、亚类和土属，以便揭示耕种土壤与自然土壤在发生上的联系及演变规律。

2. 土壤分类依据

土壤分类依据成土因素、成土过程和土壤属性进行划分。由于土壤属性是在特定成土条件下，经历一定成土过程的结果，故以土壤属性作为土壤分类的基础。

3.2.2 土壤分类级别及标准

本分类系统采用土类、亚类、土属、土种四级分类制，各级划分依据及指标如下。

1. 土类

土类是高级分类的基本单元，是在一定的自然条件和人为因素作用下，经历一个主导的或几个相互结合的成土过程而具有一定相似发生层次可资鉴别的一群土壤。不同土类之间存在本质差异。根据贵阳市的实际情况，在进行土类划分时，应侧重考虑以下三个方面。

(1) 在自然因素的强烈影响下，产生独特的成土过程。例如，在亚热带季风性湿润气候条件的显著影响下，经富铝化过程和黄化作用，形成地带性土壤——黄壤。在渍水地段，在泥炭化过程作用下形成沼泽土。

(2) 在自然因素的强烈作用下，某一过程阻止或延缓了其常规成土进程。例如，石灰土和紫色土系因受母岩（或母质）性质的强烈影响，阻止或延缓了向地带性土壤发育的进程，表现出明显的母岩性状，属于岩成土类。

(3) 在综合因素作用下，人为因素的影响突出，引发独特的成土过程，改变了土壤的某些主要属性。例如，水稻土经水耕熟化过程后，土壤的氧化还原特性、剖面性态等土壤特性与起源土壤截然不同，而作为独立土类。

2. 亚类

亚类是土类范围内的进一步划分，它反映土类范围内的较大差异性，其剖面形态特征和改良利用方向比该土类具有更高的一致性。划分时，主要考虑以下四个方面。

(1) 依据同一成土过程的不同发育程度进行划分。例如，黄壤类划分为黄壤性土和漂洗黄壤亚类；石灰土划分为黑色石灰土、黄色石灰土亚类等。

(2) 依据同一主导成土过程的不同附加过程进行划分。例如，若黄壤附加有漂洗作用，则划分为漂洗黄壤亚类；若水稻土附加有潜育或潴育作用，则划分为潜育型水稻土亚类和潴育型水稻土亚类等。

(3) 不同土类之间的互相过渡。例如，黄色石灰土处于石灰土类的高级发育阶段，是向黄壤演变的类型。

(4) 依据岩性划分，将石灰性紫色岩层和酸性紫色岩层发育的紫色土分别划分为石灰性紫色土亚类和酸性紫色土亚类。

3. 土属

土属作为亚类与土种之间的衔接单元，既是对亚类的进一步细分，也是对土种的归纳整合。在进行土属划分时，主要考虑岩性类别、母岩质地、母质类型、古成土过程遗迹和起源母土属性(水稻土)等因素。

(1)岩性类别：参照《贵州省土壤普查工作分类(修订稿)》，对贵阳市地带性土壤进行土属划分，其岩性类别归属如下。

硅质：石英砂岩类；

硅铝质：砂页岩类及以砂页岩为主的砂岩、砂页岩互层；

红泥质：泥页岩类；

黏土质：第四纪黏土；

铁铝质：碳酸盐岩类。

(2)母岩质地：依据母岩风化物质地划分岩成土土属。例如，碳酸盐岩类风化物，质地偏黏者，划分为石灰土；质地偏砂者，划分为灰砂土。紫色岩类风化物，质地偏黏者，划分为紫泥土；质地偏砂者，划分为紫砂土。

(3)母质类型：依据母质类型划分土属。例如，潮土土属由河流冲积物发育而成。

(4)古成土过程遗迹：依据古成土过程遗迹划分土属。

(5)起源母土属性：根据起源母土属性划分水稻土土属。

(6)异源母质的处理：当两种母质重叠，若上层母质厚度大于20cm，则以上层母质类型划分土属，否则以下层母质划分土属；对于多源母质混合的情况，应以所占成分比重较大的母质类型确定土属。

4. 土种

土种是基层分类的基本单元，它是同类母质发育的具有类似发育程度和剖面形态的一群土壤，它反映了土属范围内各土种的明显差异性，并且具有相对的稳定性。划分依据及标准如下。

1)土带性土壤

(1)代表性土壤类型：按腐殖质层厚度和土体厚度的组合划分自然土土种，按熟化度和白土层状况划分旱作土土种。

(2)粗骨土类型：按土层厚度划分自然土土种，按熟化度、砾石类别(燧石、硬页岩、页岩等)和砾石含量划分旱作土土种。

2)岩成土

岩成土根据土层厚度(厚、中、薄)划分自然土土种，根据熟化度和耕层质地(黏、泥、砂、砾)划分旱作土土种。

3)水稻土

水稻土按质地(黏、泥、砂)、耕型、熟化度、障碍层位、砾石含量和显著差异的砾类(燧石、扁砂、豆瓣砂)划分土种。

土种划分的有关量化指标如下。

腐殖质层厚度：厚层大于 30cm，中层 15～30cm，薄层小于 15cm。
土体厚度：厚层大于 80cm，中层 40～80cm，薄层小于 40cm。
土层厚度：厚层大于 80cm，中层 40～80cm，薄层小于 40cm。
熟化度：高，有机质含量大于 3.0%；中，有机质含量为 1.5%～3.0%；低，有机质含量小于 1.5%。
砾石含量：砾质土，砾石含量为 10%～30%；砾石土，砾石含量大于 30%。
障碍层位：障碍层次出现在表土至 60cm 以内，作为障碍层处理，60cm 以下不计。划分标准如下。

(1) 白土层：重，剖面 20cm 以内；中，20～40cm；轻，40～60cm。
(2) 潜育层：重，剖面 20cm 以内；中，20～40cm；轻，40～60cm。
(3) 泥炭层：高位，剖面 40cm 以内；低位，剖面 40～60cm。
(4) 浮泥层：深脚，浮泥层厚度大于 40cm；浅脚，浮泥层厚度小于 40cm。

3.3 土壤分布规律

3.3.1 土壤水平分布与垂直分布

贵阳市全域经纬度相差甚小，地面受太阳辐射产生的水热条件基本相同。在亚热带季风性湿润气候条件下，地带性土壤为黄壤，无水平分布的差异。

贵阳市的海拔主要集中在 1000～1400m，占比达 93.7%；海拔低于 1000m 的区域占比 0.7%；海拔处于 1400～1500m 的区域占比 3.1%；海拔高于 1500m 的区域占比 2.5%。在海拔 800～1400m 的区域内，干湿季节特征不明显，黄壤是唯一的地带性土壤。海拔 1400m 以上，气候垂直分化不足以引起地带性分异，仅引起物候期轻微变化。在海拔 1500m 以上的地区，原生植被为常绿阔叶林，年均温 13.5℃，7 月均温 22℃，1 月均温 3℃，≥10℃ 积温 3800℃，稳定通过 10℃ 的保证率为 80%，初终日数 193 天，年降水量 1180～1200mm，无霜期 240～260 天，此类气候条件同样有利于黄壤的形成与发育。整体来看，土壤尚未表现出明显的垂直分布差异。

3.3.2 土壤区域分布规律

受地质、地貌、母质和人为活动等因素影响，土壤的区域分布规律十分明显，具体体现在土壤分布状况与地层走向的一致性、耕作土壤肥力分布的阶梯性，以及不同地质地貌条件下土壤组合的多样性和多变性等方面。掌握这些变化规律方能合理布局，充分发挥土壤的生产潜力。

1. 土壤组合

中山山地土壤组合：东北部的地坝、云雾山、沙文和大观山等地，其地质构成主要为砂岩和砂页岩，下部零星出露碳酸盐岩类。该区域海拔 1400～1600m，相对高度 200m 左右，山高坡陡，剥蚀强烈，往往上部为粗骨土，中下部为黄壤和石灰土。以云雾山为例，其土壤主要由砂页岩、砂岩组成，中部或下部零星出露白云质灰岩和白云岩，北西向至东南向，呈大泥土-黄砂泥土-砂泥质黄壤-砂质黄砂泥土-砾石黄砂泥土-砂泥质粗骨土-硅质粗骨土-硅质黄壤-白云岩黑色灰泡砂土-白云岩大泥土等土壤组合。

低中山山地土壤组合：集中分布于西部的朱昌、金华、久安、石板及野鸭社区的部分区域。该区域海拔 1300m 左右，相对高度 100～200m。其地质构成主要为煤系砂页岩，由于母岩物理风化作用强烈且不耐侵蚀，加之坡陡，植被破坏，土体更替频繁，幼年土壤为其主体。往往上部为粗骨土和砂砾质田，中下部为黄壤，在湾冲区域为煤锈田，低洼处多为冷砂田等潜育型水稻土。以久安-新寨断面为例，其土壤组合为中土层砂泥质粗骨土、砾质黄砂泥土、寡黄砂土、薄腐薄土体砂泥质黄壤、黄砂泥田、黄砂泥土、沙泥质煤锈田、冷砂田和中土层砂泥质黄壤性土等。

2. 丘陵土壤组合

高丘土壤组合：高丘亦称丘峰谷地。该区域海拔 1100～1300m，相对高度 100～200m，在花溪中曹司一带尤为典型。出露岩层包括二叠系石灰岩、白云质灰岩。丘峰呈南北向分布，地势陡峻，植被遭到严重破坏，剥蚀强烈，多为裸岩。丘麓地带分布有黑色石灰土、大泥土，阶地为大眼泥田，谷底多为潮泥田土。

以竹林—上水断面为代表，其土壤组合为裸岩、黑色石灰土、大泥土、大眼泥田和斑潮泥田等。

低丘土壤组合：低丘主要由三叠系薄层灰岩、泥灰岩和灰岩构成。海拔 1200～1300m，相对高度 50～100m，"馒头"山呈断续分布，山间洼地土质较佳。地形较为平缓，土壤发育程度较深，但由于过度垦殖，水土流失较为严重，不少耕地基岩日益裸露。岩溶发育，地下水渗漏，水源缺乏，稻田灌溉缺乏保证，仍处于初度水耕熟化阶段，以旧场—党武—下坝断面为代表，土壤组合为中土层黄色石灰土、大泥土、大泥田和大眼泥田等。

缓丘土壤组合：大山洞、阳关、湖潮、磊庄等地为典型的缓丘地貌，相对高度小于 50m，大面积出露泥页岩，零星出露第四纪红色黏土、白云岩和白云质灰岩。成土母质以泥页岩风化物为主，其次为第四纪红色黏土。由于地势平缓，土层深厚，垦殖系数相当高，仅残存少量自然土。以打朝关—下堰为代表，土壤组合为薄腐中土体硅铁质黄壤、死黄泥土、黄泥土、黄黏泥土、油黄黏泥土、小黄泥田、黄胶泥田、中白胶泥田、黄色石灰土和大土泥等。

紫色丘陵土壤组合：紫色丘陵分布于陈亮等地，海拔 1200m 左右，相对高度 50m 左右。以酸性紫色砂岩为主，伴有酸性紫色页岩和钙质紫色泥岩互层、交错。丘陵边缘为黄色砂岩，丘岗分布着薄层酸性紫色土和厚层硅质黄壤（自然土），平缓地段主要分布钙质紫色泥岩，土壤以紫泥田为主，低洼地段为青紫泥田，河流两岸为潮泥田土。以麦乃—陈亮断面为例，土壤组合包含硅质黄壤、黄砂泥土、酸性紫色土、紫泥田、青紫泥田和潮泥田土等。

3. 平地土壤组合

岩溶盆地土壤组合：岩溶盆地亦称坡立谷，系由碳酸盐岩类构成的岩溶坝子，分布面积广，主要包括贵阳市区、青岩、湖潮、永乐等区域。土壤分布规律往往是沿河两岸为潮泥田土，低洼处为烂泥田和鸭屎泥田，稍高处为大眼泥田和龙凤大眼泥田，边缘为大泥田，边坡为大泥土、黄色石灰土和黑色石灰土等。以青岩盆地龙井寨至青岩河断面为典型代表，土壤组合为黑色石灰土、黄色石灰土、大泥土、大泥田、大眼泥田、龙凤大眼泥田和潮泥田土等。

构造盆地土壤组合：包括孟关、乌当、洛湾、麦架等盆地，地层和岩性复杂，土壤除受河流冲积物影响外，还受复杂岩性的制约，以致各盆地的土壤组合变化极大。以乌当盆地为例，奥陶系至第四系地层较齐备，出露岩石有砂岩、砂页岩、紫色砂页岩、紫色砂岩、紫红色钙质泥岩、紫红色钙质砾岩和第四系松散层等。盆地中央分布着大面积黑潮泥田和潮泥田土；边缘分布紫泥田、浅血泥田、紫砂土和血泥土；盆地四周的丘陵坡地分布钙质紫色土、酸性紫色土和酸性砾质紫色土等。

台地土壤组合：台地是四周低的凸起平地，花溪区高坡乡云顶，高坡至石门一带，四周全被断层包围，为贵阳市典型的台地。边缘海拔 1100m 左右，出露泥盆系砂岩，土壤以硅质黄壤为主。主凸起地势高，海拔 1500～1656m，相对高度 20～50m，平缓，无天然屏障，常风大，气候温凉，泥盆系砂岩和泥盆系石灰岩间层分布，黄壤与石灰土呈类似镶嵌分布。岩石产状平缓，开花寨至云顶一带，因砂岩呈平缓岩板，使下渗水侧向流动，形成漂洗黄壤。

以石门—云顶断面为例，土壤组合为薄腐薄土体硅质黄壤、黄砂田、黄砂土、薄土层黑色石灰土、大泥土、大泥田、大眼泥田、白鳝泥田和薄腐薄土体硅质漂洗黄壤等。

3.4 耕地土壤类型及面积分布

根据 2021 年统计数据，贵阳市耕地土壤面积为 186719.70hm^2，共分为 8 个土类、21 个亚类、52 个土属、123 个土种。亚类以黄壤、石灰土、水稻土 3 种土类分布最广，是贵阳市耕地的主要土壤类型。

3.4.1 主要土壤类型特点

1. 黄壤

1) 形成条件

黄壤发育于亚热带湿润气候条件下，其地带性植被为亚热带常绿阔叶林，部分地区为常绿、落叶阔叶混交林。贵阳市属中亚热带常绿阔叶林带，原生植被以常绿阔叶林为主，部分为落叶阔叶树种。此外，贵阳市云雾多，日照少，湿度大，干湿季节不明显。区域气候、植被条件有利于黄壤形成发育，使黄壤成为贵阳市的地带性土壤。

2) 形成特征

在热湿气候条件下，化学风化作用强烈，铝硅酸矿物彻底分解、流失，铁铝相对富集，而使黄壤具有如下特征。

(1) 土壤呈黄色。由于干湿季节不明显，土壤经常处于湿润状态，土体中的氧化铁发生水化作用，形成含水氧化铁，而使土壤变为黄色，典型黄壤层为鲜明的黄色或灰黄色。

(2) 土层深厚。黄壤由白砂岩、砂页岩、泥页岩、第四纪红色黏土等母岩风化物发育而成。除砂岩陡坡土层厚度只有50cm左右外，一般土层厚度在一至数米之间，第四纪红色黏土发育的黄壤最厚，往往在数米以上，由于土层深厚，营林条件最好，垦殖系数较大。

(3) 土质黏重。土质黏重是黄壤的主要特性。除砂岩发育的黄壤土质较疏松外(中壤至重壤之间)，其他母岩发育的土壤均在较黏至重黏之间，以第四纪红黏土发育的黏土质黄壤和泥页岩母质发育的硅铁质黄壤最为突出，其中黄黏土、黄泥土，因质地黏重，耕性很差，素有"天晴一把刀，下雨一包糟"之称。

(4) 酸性强。酸性强是黄壤的重要特征，由于淋溶作用强，土壤盐基饱和度低，土体呈酸性，据185个剖面统计，全剖面pH为4.5~5.5。

(5) 阳离子交换量低，土属间差异明显。成土过程中盐基物质淋失量大，导致阳离子交换量低。

(6) 矿质养分含量缺乏。黄壤长期处于热湿条件下，盐基物质流失量大，导致矿质养分缺乏，尤其缺磷。

(7) 土壤有机质和全氮含量与海拔和植被类型相关性明显。土壤有机质含量高低与植被类型有关，阔叶林的有机质含量一般比灌丛草坡和针叶林的高。一般随海拔增加，有机质和全氮含量增多。

2. 石灰土

1) 形成条件

石灰土受生物气候影响微弱，受母岩影响强烈，只要有碳酸盐岩出露，就可形成石灰土。碳酸盐岩类极易溶蚀风化，其残存物碳酸钙和黏土矿物经成土作用形成石灰土，物理风化作用弱，风化层往往不厚，土层厚度一般较薄。

植被覆盖度和地形部位对石灰土的发育影响也很强烈。坡下部土层厚，发育深；坡中上部土层薄，发育浅；坝子、缓坡、凹地土层厚，发育深，陡坡土层薄，发育浅。在自然植被覆盖下，常有一定程度的片蚀。一旦植被遭到破坏，则易形成裸岩。

2) 形成特点

由于母岩的强烈影响，石灰土富含碳酸钙和钙离子，所以土壤呈中性或碱性。在富钙、碱(中)性条件下，仅碳酸钙不断淋失，其余矿物的化学风化侵蚀作用微弱，相互之间的盐基成分化学风化溶蚀作用极微。尽管钙不断淋失，但新风化物及富钙的地表水、地下水持续补充到土壤中，土壤始终保持富钙和碱(中)性环境及其相应的淋溶特征。这延缓了盐基的淋失和脱硅富铁铝化作用。因此，土壤中游离铁含量较同地区的地带性土壤低。黏粒的硅铝率较地带性土壤高，并且有不同程度的石灰反应。钙的存在，使细菌和放线菌活跃，促进枯枝落叶形成腐殖质，腐殖质与钙结合形成腐殖酸钙在土壤中积累。因此，表土呈现黑色、团粒结构、壤土的特征。

由于矿物的风化作用微弱，土壤黏化作用也较弱，但是在机械淋溶作用下，表土黏粒随下渗水迁移到心土和底土淀积，而出现下黏的剖面特征。

3. 水稻土

水稻土是在自然因素和人为因素综合作用下，经水耕熟化形成的独特土类。其形态特征及理化性状与起源土壤截然不同，在淹水条件下主要有以下形成特点。

1) 氧化还原交替，使土体发生分化

淹水季节，耕层水分过饱和，隔断土体内部与大气之间的气体交换，导致土体缺氧，氧化还原电位降低，呈还原状态。此时，高价铁锰还原为低价铁锰进入土壤溶液，随水下渗或侧渗移动。落水季节，饱和水消失，大气中的氧气进入土体，氧化还原电位升高，土体呈氧化状态，低价铁锰又氧化为高价铁锰而淀积于土体中，使土体出现红棕色或黑褐色的锈纹锈斑或铁子、结核等。氧化还原交替作用的反复进行，致使铁锰不断地发生迁移或淀积，使土体不断分化，出现渗育层、潴育层、潜育层等发育层次，形成了与起源土壤截然不同的形态特征。

氧化还原交替的强度不同，便引发了水稻土类型的分化。地表水型水稻土(如淹育型)氧化时间长，还原时间短，铁锰的迁移和淀积很弱，层次分化不明显。爽水型水稻土即便在淹水季节，因土体呈干湿交替状态，氧化还原作用也反复交替，分化出利于调节水气矛盾的潴育层。地下水型水稻土，可以全年处于还原状态，还原过程占优势，分化出障碍层次潜育层。故而不同的水稻土具有不同的形态特征。

2) 淹水条件产生不同起源土壤的物质转化特征

有机质在淹水条件下，主要进行嫌气分解，分解缓慢，利于有机质积累，故稻田土壤有机质含量较起源旱土高。有机质的增加既有利于改善土壤物理性状，又能增加土壤氮含量。淹水条件有利于胡敏酸形成，此外，有机质嫌气分解，产生硫化氢和有机酸等还原性有毒物质，不利于水稻生长，如长期渍水，积累量大，就会产生毒害作用。所以，烂泥田常发生黑根、坐蔸现象。

水稻土中的氮主要以有机态存在，在嫌气条件下只转化为铵态氮，易被土壤吸收保持，不易淋失，利于水稻吸收利用。淹水状态还使土壤中的磷酸铁还原为磷酸亚铁，增加其有效性，使水稻土中磷的有效性通常高于旱地。也因为亚铁含量增加，与土壤吸附的 Cu^{2+}、Mg^{2+}、K^+、Na^+ 等离子发生置换，进入土壤溶液，增加其有效性，但也增强了它们的淋失。当亚铁积累量大时，可为稻株吸收，一方面抑制稻根对磷钾等元素的吸收，使水稻表现出突出的缺钾特征；另一方面破坏酶的活性。水稻的麻叶褐斑病往往与这些因素密切相关。

淹水还使酸性土壤 pH 上升，碱性土壤 pH 下降，利于水稻生长。

3）盐基淋失与复盐基交替进行

淹水条件下，不仅铁锰活化迁移，钙、铁、钾、钠等盐基离子也不断淋失。由于施肥补充，特别是石灰、草木灰和有机肥等，又增加了盐基，耕作时间越长，施肥水平越高，复盐基作用越强。黄壤特别突出，盐基饱和度一般由起源土壤的 20% 左右上升至 50% 左右。

4）黏粒的淋失与积累交替进行

灌溉水既能补充土壤黏粒，又能使黏粒垂直淋失和随灌水流失。贵阳市水源较清澈，黏粒补充量小，因长期采用串灌、漫灌的方式，不仅导致黏粒在田面损失严重，还对耕层造成侵蚀，故稻田土壤耕层往往较薄。

5）滋生喜湿性植被

当旱地演变为稻田后，农田杂草相应地从旱生杂草演化为喜湿性杂草。主要包括萍类、莎草类、木贼、金鱼藻、眼子菜、鸭舌草、野慈姑、荸荠等，这些杂草会与水稻争水争肥。尤其是眼子菜、荸荠等，难以拔除，为稻田恶性杂草。

3.4.2 不同土类与亚类面积分布

受地质构造和岩性的影响，并在光、热、水的长期作用下，贵阳市主要土壤类型为黄壤、石灰土和水稻土等(表3.1)。其中，黄壤在全市分布最广，共75219.43hm², 占贵阳市耕地面积的 40.28%；亚类黄壤面积 72491.63hm², 占耕地面积的 38.82%。石灰土面积 55189.89hm², 占耕地面积的 29.57%；亚类黄色石灰土面积 46709.04hm², 占耕地面积的 25.02%。水稻土为贵阳市主要耕作土壤，面积为 45631.76hm², 占耕地面积的 24.43%；水稻土亚类以潴育型水稻土、渗育型水稻土为主，面积分别为 23628.61hm²、13693.00hm², 分别占耕地总面积的 12.65% 和 7.33%。

表 3.1 贵阳市不同土类与亚类面积分布统计

不同土类面积及占比			不同亚类面积及占比		
土类	面积/hm²	比例/%	亚类	面积/hm²	比例/%
潮土	369.77	0.20	潮土	369.77	0.20
粗骨土	5039.22	2.70	钙质粗骨土	682.21	0.37
			酸性粗骨土	4357.01	2.33
黄壤	75219.43	40.28	黄壤	72491.63	38.82
			黄壤性土	2139.53	1.15
			漂洗黄壤	588.27	0.31

续表

不同土类面积及占比			不同亚类面积及占比		
土类	面积/hm²	比例/%	亚类	面积/hm²	比例/%
黄棕壤	1954.97	1.05	暗黄棕壤	1954.97	1.05
石灰土	55189.89	29.57	黑色石灰土	8265.19	4.43
			红色石灰土	122.93	0.07
			黄色石灰土	46709.04	25.02
			棕色石灰土	92.73	0.05
水稻土	45631.76	24.43	漂洗型水稻土	1950.20	1.04
			潜育型水稻土	4047.94	2.17
			渗育型水稻土	13693.00	7.33
			脱潜型水稻土	577.92	0.31
			淹育型水稻土	1734.10	0.93
			潴育型水稻土	23628.61	12.65
新积土	11.48	0.01	新积土	11.48	0.01
紫色土	3303.18	1.76	石灰性紫色土	230.74	0.12
			酸性紫色土	1480.36	0.79
			中性紫色土	1592.08	0.85
合计	186719.70	100.00	合计	186719.70	100.00

3.4.3 不同土属与土种面积分布

贵阳市面积较大的土属为大泥土、黄泥土、斑黄泥田、黄砂泥土、黄砂土、黄泥田、黑岩泥土和大眼泥田，面积分别为46709.04hm²、41279.95hm²、14478.84hm²、12626.50hm²、10135.63hm²、9854.25hm²、8265.19hm²、5736.73hm²，依次占贵阳市耕地面积的25.02%、22.11%、7.75%、6.76%、5.43%、5.28%、4.43%、3.07%。

面积较大的土种为黄泥土、大泥土、小黄泥田、黄砂土、岩泥土、油大泥土和黄砂泥土，面积分别为35110.51hm²、34742.92hm²、10949.83hm²、8502.40hm²、8265.19hm²、8223.24hm²、6862.14hm²，依次占贵阳市耕地面积的18.80%、18.61%、5.86%、4.55%、4.43%、4.40%和3.68%（表3.2）。

表3.2 贵阳市不同土属与土种面积分布统计

不同土属面积及占比			不同土种面积及占比		
土属	面积/hm²	比例/%	土种	面积/hm²	比例/%
白胶泥田	1346.00	0.71	轻白胶泥田	246.05	0.13
			熟白胶泥田	550.14	0.29
			中白胶泥田	456.14	0.24
			重白胶泥田	93.66	0.05

续表

不同土属面积及占比			不同土种面积及占比		
土属	面积/hm²	比例/%	土种	面积/hm²	比例/%
白泥土	27.32	0.01	白泥土	27.32	0.01
白散土	170.25	0.09	白散土	170.25	0.09
白砂田	261.52	0.14	白砂田	261.52	0.14
白鳝泥田	342.68	0.18	轻白鳝泥田	111.09	0.06
			熟白鳝泥田	96.40	0.05
			中白鳝泥田	55.62	0.03
			重白鳝泥田	79.58	0.04
白鳝泥土	327.65	0.18	白鳝泥土	327.65	0.18
白云砂土	682.21	0.37	白云砂土	440.08	0.24
			岩砂土	242.13	0.13
白黏土	63.05	0.03	白黏土	63.05	0.03
斑潮泥田	1882.51	1.01	斑潮泥田	1084.03	0.58
			斑潮砂泥田	735.65	0.40
			油潮泥田	62.83	0.03
斑黄泥田	14478.84	7.75	斑黄胶泥田	2357.83	1.26
			斑黄泥田	1133.72	0.61
			斑黄砂泥田	37.46	0.02
			小黄泥田	10949.83	5.86
潮砂泥田	44.60	0.02	潮砂泥田	32.09	0.02
			潮砂田	12.51	0.01
潮砂泥土	369.77	0.20	潮泥土	0.74	0.00
			潮砂泥土	188.24	0.10
			潮砂土	169.47	0.09
			油潮泥土	11.32	0.01
大灰泡土	530.37	0.28	黄大灰泡土	530.37	0.28
大泥田	3408.92	1.83	大泥田	3279.14	1.76
			砂大泥田	129.78	0.07
大泥土	46709.04	25.02	白大泥土	1403.12	0.75
			大泥土	34742.92	18.61
			大砂泥土	1544.21	0.83
			砾大泥土	74.16	0.04
			油大泥土	8223.24	4.40
			油大砂泥土	721.38	0.39
大土泥田	519.16	0.28	大土泥田	235.13	0.13
			胶大土泥田	284.03	0.15

续表

不同土属面积及占比			不同土种面积及占比		
土属	面积/hm²	比例/%	土种	面积/hm²	比例/%
大眼泥田	5736.73	3.07	大眼泥田	5107.79	2.74
			胶大眼泥田	2.58	0.00
			龙凤大眼泥田	531.24	0.28
			砂大眼泥田	95.13	0.05
紫大泥土	150.80	0.08	砾质紫泥大土	149.16	0.08
			紫泥大土	1.64	0.00
紫大砂泥土	79.94	0.04	砾质紫砂泥大土	16.68	0.01
			紫砂泥大土	63.26	0.03
干鸭屎泥田	577.91	0.31	干鸭屎泥田	577.91	0.31
黑岩泥土	8265.19	4.43	岩泥土	8265.19	4.43
红大泥土	122.93	0.07	红大泥土	122.93	0.07
黄泥田	9854.25	5.28	黄扁砂泥田	296.23	0.16
			黄胶泥田	719.45	0.39
			黄泥田	3627.07	1.94
			黄砂泥田	5068.62	2.71
			煤泥田	142.88	0.08
黄泥土	41279.95	22.11	黄胶泥土	247.18	0.13
			黄泥土	35110.51	18.80
			死黄泥土	1371.50	0.73
			油黄泥土	4550.76	2.44
黄砂泥土	12626.50	6.76	复钙黄砂泥土	3696.09	1.98
			黄砂泥土	6862.14	3.68
			生黄砂泥土	1202.79	0.64
			油黄砂泥土	865.48	0.46
黄砂土	10135.63	5.43	寡黄砂土	1306.74	0.70
			黄砂土	8502.40	4.55
			熟黄砂土	326.49	0.17
黄黏泥土	4461.74	2.39	复盐基黄黏泥土	59.01	0.03
			黄黏泥土	1109.40	0.59
			死黄黏泥土	3197.44	1.71
			油黄黏泥土	95.89	0.05
灰泥土	186.20	0.10	暗灰泡土	6.93	0.00
			灰泡土	179.27	0.10
灰泡泥土	623.83	0.33	暗灰泡泥土	107.21	0.06
			灰泡泥土	516.62	0.28

续表

不同土属面积及占比			不同土种面积及占比		
土属	面积/hm²	比例/%	土种	面积/hm²	比例/%
灰泡砂土	614.58	0.33	灰泡砂土	614.58	0.33
桔黄泥土	3987.82	2.14	油桔黄泥土	3987.82	2.14
烂锈田	1938.20	1.04	烂锈田	371.55	0.20
			浅脚烂泥田	1037.43	0.56
			深脚烂泥田	529.22	0.28
冷浸田	1658.65	0.89	冷浸田	1658.65	0.89
冷水田	82.14	0.04	冷水田	82.14	0.04
砾石黄泥土	4357.01	2.33	砾石黄泥土	1262.00	0.68
			砾石黄砂泥土	1785.34	0.96
			砾石黄砂土	661.29	0.35
			砾石桔黄泥土	648.38	0.35
马粪田	21.31	0.01	高位马粪田	21.31	0.01
煤锈水田	337.25	0.18	煤浆泥田	129.96	0.07
			煤锈田	99.61	0.05
			锈水田	107.68	0.06
青黄泥田	45.45	0.02	青黄泥田	45.45	0.02
山洪潮砂土	11.48	0.01	新积砂砾土	11.48	0.01
血肝泥田	47.98	0.03	血泥田	35.94	0.02
			血砂泥田	9.49	0.01
			羊肝泥田	2.56	0.00
血泥土	717.77	0.38	砾血泥土	2.77	0.00
			血泥土	715.00	0.38
血砂泥土	762.59	0.41	血砂泥田	15.38	0.01
			血砂土	654.29	0.35
			油血砂泥土	92.92	0.05
鸭屎泥田	384.33	0.21	苦鸭屎泥田	49.79	0.03
			鸭屎泥田	334.54	0.18
幼黄泥田	1175.93	0.63	幼黄扁砂田	3.38	0.00
			幼黄泥田	610.38	0.33
			幼黄砂泥田	351.14	0.19
			幼黄砂田	211.03	0.11
幼黄泥土	474.07	0.25	黄扁砂泥土	33.45	0.02
			幼黄泥土	440.62	0.24
幼黄砂泥土	65.00	0.03	幼黄砂泥土	65.00	0.03
幼黄砂土	1600.46	0.86	幼黄砂土	1600.46	0.86

续表

不同土属面积及占比			不同土种面积及占比		
土属	面积/hm²	比例/%	土种	面积/hm²	比例/%
幼血肝泥田	39.01	0.02	幼血泥田	5.82	0.00
			幼血砂泥田	18.51	0.01
			幼羊肝泥田	14.68	0.01
紫泥田	1448.38	0.78	浅血泥田	736.90	0.39
			浅血砂泥田	230.72	0.12
			紫泥田	347.63	0.19
			紫砂泥田	133.12	0.07
紫泥土	926.46	0.50	砾紫泥土	4.53	0.00
			生紫泥土	402.63	0.22
			油紫泥土	130.49	0.07
			紫泥土	388.81	0.21
紫砂泥土	665.62	0.36	油紫砂泥土	14.02	0.01
			紫砂土	651.60	0.35
棕大泥土	92.72	0.05	棕大泥土	92.72	0.05
合计	186719.70	100.00	合计	186719.70	100.00

注：部分加和有偏差，是数据四舍五入所致，后同。

3.4.4 各县(市、区)土壤面积分布

1. 各县(市、区)土壤土类面积分布

贵阳各县(市、区)土壤土类具体分布见表 3.3。潮土土类以息烽县分布面积最大，占该土类面积的 50.69%；其次为花溪区，占 29.01%。粗骨土土类以开阳县、花溪区分布面积最大，分别占该土类面积的 29.42%和 25.67%。黄壤土类以开阳县分布面积最大，占该土类面积的 41.54%；其次为清镇市，占 22.28%。黄棕壤土类以清镇市分布面积最大，占该土类面积的 47.96%；其次为息烽县，占 21.77%。石灰土土类以息烽县、清镇市分布面积最大，分别占该土类面积的 25.78%和 22.60%。水稻土土类以开阳县、花溪区分布面积最大，分别占该土类面积的 30.08%和 20.04%。新积土土类仅分布在修文县，占比 100%。紫色土土类以息烽县分布面积最大，占该土类面积的 39.86%；其次为清镇市，占 21.87%。

表 3.3　各县(市、区)土壤土类面积分布统计表

县(市、区)	潮土 面积/hm²	潮土 占该土类比例/%	潮土 占本县(市、区)耕地比例/%	粗骨土 面积/hm²	粗骨土 占该土类比例/%	粗骨土 占本县(市、区)耕地比例/%	黄壤 面积/hm²	黄壤 占该土类比例/%	黄壤 占本县(市、区)耕地比例/%	黄棕壤 面积/hm²	黄棕壤 占该土类比例/%	黄棕壤 占本县(市、区)耕地比例/%	石灰土 面积/hm²	石灰土 占该土类比例/%	石灰土 占本县(市、区)耕地比例/%	水稻土 面积/hm²	水稻土 占该土类比例/%	水稻土 占本县(市、区)耕地比例/%	新积土 面积/hm²	新积土 占该土类比例/%	新积土 占本县(市、区)耕地比例/%	紫色土 面积/hm²	紫色土 占该土类比例/%	紫色土 占本县(市、区)耕地比例/%
白云区	—	—	—	78.05	1.55	2.04	1114.75	1.48	29.13	—	—	—	1350.85	2.45	35.30	1283.11	2.81	33.53	—	—	—	—	—	—
观山湖区	—	—	—	158.81	3.15	4.74	1470.16	1.95	43.89	19.91	1.02	0.59	652.60	1.18	19.48	945.67	2.07	28.23	—	—	—	102.69	3.11	3.07
花溪区	107.26	29.01	0.43	1293.75	25.67	5.15	5773.21	7.68	23.00	—	—	—	8706.64	15.78	34.69	9143.88	20.04	36.43	—	—	—	76.98	2.33	0.31
开阳县	58.70	15.87	0.11	1482.43	29.42	2.73	31247.13	41.54	57.48	359.80	18.40	0.66	7061.91	12.80	12.99	13728.44	30.08	25.26	—	—	—	420.29	12.72	0.77
南明区	0.80	0.22	0.05	8.01	0.16	0.53	294.30	0.39	19.41	—	—	—	871.36	1.58	57.46	321.99	0.71	21.23	—	—	—	19.91	0.60	1.31
清镇市	—	—	—	906.03	17.98	2.31	16758.70	22.28	42.66	937.69	47.96	2.39	12470.57	22.60	31.74	7492.94	16.42	19.07	—	—	—	722.36	21.87	1.84
乌当区	0.96	0.26	0.01	—	—	—	4423.42	5.88	45.76	—	—	—	1721.32	3.12	17.81	3421.94	7.50	35.40	—	—	—	99.69	3.02	1.03
息烽县	187.43	50.69	0.74	750.66	14.90	2.98	3314.10	4.41	13.14	425.55	21.77	1.69	14226.89	25.78	56.43	4991.26	10.94	19.80	—	—	—	1316.61	39.86	5.22
修文县	—	—	—	361.15	7.17	1.51	10692.64	14.22	44.58	212.02	10.85	0.88	7888.96	14.29	32.89	4297.22	9.42	17.92	11.48	100.00	0.05	519.17	15.72	2.16
云岩区	14.60	3.95	3.51	0.34	0.01	0.08	131.04	0.17	31.53	—	—	—	238.79	0.43	57.46	5.32	0.01	1.28	—	—	—	25.48	0.77	6.13

第3章 耕地土壤

表3.4 各县(市、区)土壤亚类面积分布统计表

土类	亚类	白云区 面积/hm²	白云区 占该亚类比例/%	观山湖区 面积/hm²	观山湖区 占该亚类比例/%	花溪区 面积/hm²	花溪区 占该亚类比例/%	开阳县 面积/hm²	开阳县 占该亚类比例/%	南明区 面积/hm²	南明区 占该亚类比例/%	清镇市 面积/hm²	清镇市 占该亚类比例/%	乌当区 面积/hm²	乌当区 占该亚类比例/%	息烽县 面积/hm²	息烽县 占该亚类比例/%	修文县 面积/hm²	修文县 占该亚类比例/%	云岩区 面积/hm²	云岩区 占该亚类比例/%
潮土	潮土	—	—	—	—	107.26	29.01	58.70	15.87	0.80	0.22	—	—	0.96	0.26	187.43	50.69	—	—	14.60	3.95
粗骨土	钙质粗骨土	—	—	—	—	—	—	—	—	—	—	—	—	—	—	385.07	56.44	297.15	43.56	—	—
粗骨土	酸性粗骨土	78.05	1.79	158.81	3.64	1293.75	29.69	1482.43	34.02	8.01	0.18	906.03	20.79	—	—	365.59	8.39	64.01	1.47	0.34	0.01
黄壤	黄壤	1113.32	1.54	1210.39	1.67	4629.65	6.39	31150.63	42.97	229.83	0.32	16527.76	22.80	3602.36	4.97	3314.10	4.57	10593.96	14.61	119.65	0.17
黄壤	黄壤性土	1.43	0.07	214.87	10.04	1143.56	53.45	—	—	64.46	3.01	—	—	704.38	32.92	—	—	—	—	10.84	0.51
黄壤	漂洗黄壤	—	—	44.91	7.63	—	—	96.50	16.40	—	—	230.94	39.26	116.68	19.83	—	—	98.68	16.77	0.56	0.10
黄棕壤	暗黄棕壤	—	—	19.91	1.02	—	—	359.80	18.40	—	—	937.69	47.96	—	—	425.55	21.77	212.02	10.85	—	—
石灰土	黑色石灰土	196.90	2.38	47.78	0.58	829.32	10.03	890.40	10.77	50.59	0.61	2322.42	28.10	84.13	1.02	2733.54	33.07	1084.00	13.12	26.10	0.32
石灰土	红色石灰土	—	—	—	—	—	—	—	—	—	—	122.93	100.00	—	—	—	—	—	—	—	—
石灰土	黄色石灰土	1153.95	2.47	604.81	1.29	7877.31	16.86	6171.50	13.21	820.77	1.76	10025.22	21.46	1637.19	3.51	11400.61	24.41	6804.96	14.57	212.69	0.46
石灰土	棕色石灰土	—	—	—	—	—	—	—	—	—	—	—	—	—	—	92.73	100.00	—	—	—	—
水稻土	漂洗型水稻土	82.27	4.22	48.50	2.49	27.43	1.41	214.27	10.99	0.19	0.00	992.87	50.91	71.53	3.67	141.73	7.27	371.60	19.05	—	—
水稻土	潴育型水稻土	66.05	1.63	7.83	0.19	1460.24	36.07	1299.45	32.10	—	0.00	804.57	19.88	95.31	2.35	137.82	3.40	175.46	4.33	1.02	0.03

续表

土类	亚类	白云区 面积/hm²	白云区 占该亚类比例/%	观山湖区 面积/hm²	观山湖区 占该亚类比例/%	花溪区 面积/hm²	花溪区 占该亚类比例/%	开阳县 面积/hm²	开阳县 占该亚类比例/%	南明区 面积/hm²	南明区 占该亚类比例/%	清镇市 面积/hm²	清镇市 占该亚类比例/%	乌当区 面积/hm²	乌当区 占该亚类比例/%	息烽县 面积/hm²	息烽县 占该亚类比例/%	修文县 面积/hm²	修文县 占该亚类比例/%	云岩区 面积/hm²	云岩区 占该亚类比例/%
水稻土	渗育型水稻土	147.52	1.08	469.76	3.43	2127.77	15.54	1454.37	10.62	75.30	0.55	3907.10	28.53	1728.67	12.62	2067.23	15.10	1712.50	12.51	2.78	0.02
水稻土	脱潜型水稻土	36.21	6.27	—	—	21.12	3.65	210.38	36.40	—	—	203.33	35.18	—	—	15.91	—	106.86	18.49	—	—
水稻土	淹育型水稻土	33.61	1.94	182.89	10.55	139.96	8.07	437.98	25.26	37.52	2.16	143.11	8.25	644.95	37.19	—	0.92	98.17	5.66	—	—
水稻土	潴育型水稻土	917.45	3.88	236.69	1.00	5367.36	22.72	10111.98	42.80	208.98	0.88	1441.95	6.10	881.47	3.73	2628.58	11.12	1832.62	7.76	1.53	0.01
新积土	新积土	—	—	—	—	—	—	—	—	—	—	—	—	—	—	—	—	11.48	100.00	—	—
紫色土	石灰性紫色土	—	—	—	—	—	—	64.70	28.04	—	—	29.28	12.69	18.32	7.94	118.43	51.33	—	—	—	—
紫色土	酸性紫色土	—	—	—	—	76.98	5.20	46.29	3.13	19.91	1.34	263.63	17.81	36.89	2.49	894.64	60.43	116.54	7.87	25.48	1.72
紫色土	中性紫色土	—	—	102.69	6.45	—	—	309.30	19.43	—	—	429.45	26.97	44.48	2.79	303.54	19.07	402.63	25.29	—	—
合计		3826.76		3349.84		25101.71		54358.68		1516.36		39288.28		9667.32		25212.50		23982.64		415.59	

2. 各县(市、区)土壤亚类面积分布

各县(市、区)土壤亚类面积分布见表 3.4。潮土亚类以息烽县分布面积最大,占该亚类面积的 50.69%;其次为花溪区,占 29.01%。钙质粗骨土亚类只分布在息烽县、修文县,分别占该亚类面积的 56.44%和 43.56%。酸性粗骨土亚类以花溪区、开阳县分布面积最大,分别占该亚类面积的 29.69%和 34.02%。黄壤亚类以开阳县分布面积最大,占该亚类面积的 42.97%;其次为清镇市,占 22.80%。黄壤性土亚类以花溪区分布面积最大,占该亚类面积的 53.45%;其次为乌当区,占 32.92%。漂洗黄壤亚类以清镇市分布面积最大,占该亚类面积的 39.26%;其次为乌当区,占 19.83%。暗黄棕壤亚类以清镇市分布面积最大,占该亚类面积的 47.96%;其次为息烽县,占 21.77%。黑色石灰土亚类以息烽县分布面积最大,占该亚类面积的 33.07%;其次为清镇市,占 28.10%。红色石灰土亚类全部集中在清镇市,占该亚类面积的 100.00%。黄色石灰土亚类以息烽县、清镇市分布面积最大,分别占该亚类面积的 24.41%和 21.46%。棕色石灰土只分布在息烽县,占该亚类面积的 100.00%。漂洗型水稻土亚类以清镇市分布面积最大,占该亚类面积的 50.91%。潜育型水稻土亚类以花溪区、开阳县分布面积最大,分别占该亚类面积的 36.07%和 32.10%。渗育型水稻土亚类以清镇市分布面积最大,占该亚类面积的 28.53%;其次为花溪区和息烽县,分别占 15.54%和 15.10%。脱潜型水稻土亚类以开阳县、清镇市分布面积最大,分别占该亚类面积的 36.40%和 35.18%。淹育型水稻土亚类以乌当区分布面积最大,占该亚类面积的 37.19%;其次为开阳县,占 25.26%。潴育型水稻土亚类以开阳县分布面积最大,占该亚类面积的 42.80%;其次为花溪区,占 22.72%。新积土只分布在修文县,占该亚类面积的 100%。石灰性紫色土亚类以息烽县分布面积最大,占该亚类面积的 51.33%;其次为开阳县,占 28.04%。酸性紫色土亚类以息烽县分布面积最大,占该亚类面积的 60.43%。中性紫色土亚类以清镇市、修文县分布面积最大,分别占该亚类面积的 26.97%和 25.29%。

白云区以黄色石灰土亚类、黄壤亚类、潴育型水稻土亚类面积占比较大,依次占本区耕地面积的 30.15%、29.09%和 23.97%。观山湖区以黄壤亚类面积占比最大,占本区耕地面积的 36.13%;其次为黄色石灰土亚类,占 18.06%。花溪区以黄色石灰土亚类面积占比较大,占本区耕地面积的 31.38%;其次为潴育型水稻土亚类,占 21.38%。开阳县以黄壤亚类面积占比最大,占本县耕地面积的 57.31%。南明区以黄色石灰土亚类面积占比最大,占本区耕地面积的 54.13%。清镇市以黄壤亚类面积占比最大,占本市耕地面积的 42.07%;其次为黄色石灰土亚类,占 25.52%。乌当区以黄壤亚类面积占比最大,占本区耕地面积的 37.26%。息烽县以黄色石灰土亚类面积占比最大,占本县耕地面积的 45.22%。修文县以黄壤亚类面积占比最大,占本县耕地面积的 44.17%;其次为黄色石灰土亚类,占 28.37%。云岩区以黄色石灰土亚类面积占比最大,占本区耕地面积的 51.18%;其次为黄壤亚类,占 28.79%(表 3.5)。

表 3.5 各县（市、区）亚类面积分布比例统计表

亚类	白云区 面积/hm²	白云区 占本县(市、区)耕地比例/%	观山湖区 面积/hm²	观山湖区 占本县(市、区)耕地比例/%	花溪区 面积/hm²	花溪区 占本县(市、区)耕地比例/%	开阳县 面积/hm²	开阳县 占本县(市、区)耕地比例/%	南明区 面积/hm²	南明区 占本县(市、区)耕地比例/%	清镇市 面积/hm²	清镇市 占本县(市、区)耕地比例/%	乌当区 面积/hm²	乌当区 占本县(市、区)耕地比例/%	息烽县 面积/hm²	息烽县 占本县(市、区)耕地比例/%	修文县 面积/hm²	修文县 占本县(市、区)耕地比例/%	云岩区 面积/hm²	云岩区 占本县(市、区)耕地比例/%
潮土	—	—	—	—	107.26	0.43	58.70	0.11	0.80	0.05	—	—	0.96	0.01	187.43	0.74	—	—	14.60	3.51
钙质粗骨土	—	—	—	—	—	—	—	—	—	—	—	—	—	—	385.07	1.53	297.15	1.24	—	—
酸性粗骨土	78.05	2.03	158.81	4.74	1293.75	5.15	1482.43	2.73	8.01	0.53	906.03	2.31	—	—	365.59	1.45	64.01	0.27	0.34	0.08
黄壤	1113.32	29.09	1210.39	36.13	4629.65	18.44	31150.63	57.31	229.83	15.16	16527.76	42.07	3602.36	37.26	3314.10	13.14	10593.96	44.17	119.65	28.79
黄壤性土	1.43	0.04	214.87	6.41	1143.56	4.56	—	—	64.46	4.25	—	—	704.38	7.29	—	—	—	—	10.84	2.61
漂洗黄壤	—	—	44.91	1.34	—	—	96.50	0.18	—	—	230.94	0.59	116.68	1.21	—	—	98.68	0.41	0.56	0.13
暗黄棕壤	—	—	19.91	0.59	—	—	359.80	0.66	—	—	937.69	2.39	—	—	425.55	1.69	212.02	0.88	—	—
黑色石灰土	196.90	5.15	47.78	1.43	829.32	3.30	890.40	1.64	50.59	3.34	2322.42	5.91	84.13	0.87	2733.54	10.84	1084.00	4.52	26.10	6.28
红色石灰土	—	—	—	—	—	—	—	—	—	—	122.93	0.31	—	—	—	—	—	—	—	—
黄色石灰土	1153.95	30.15	604.81	18.06	7877.31	31.38	6171.50	11.35	820.77	54.13	10025.22	25.52	1637.19	16.94	11400.61	45.22	6804.96	28.37	212.69	51.18
棕色石灰土	—	—	—	—	—	—	214.27	0.39	—	—	—	—	71.53	0.74	92.73	0.37	—	—	—	—
漂洗型水稻土	82.27	2.15	48.50	1.45	27.43	0.11	1299.45	2.39	0.19	0.01	992.87	2.53	95.31	0.99	141.73	0.56	371.60	1.55	1.02	0.24
潴育型水稻土	66.05	1.73	7.83	0.23	1460.24	5.82	—	—	—	—	804.57	2.05	—	—	137.82	0.55	175.46	0.73	—	—

第 3 章 耕地土壤

续表

亚类	白云区 面积/hm²	白云区 占本县(市、区)耕地比例/%	观山湖区 面积/hm²	观山湖区 占本县(市、区)耕地比例/%	花溪区 面积/hm²	花溪区 占本县(市、区)耕地比例/%	开阳县 面积/hm²	开阳县 占本县(市、区)耕地比例/%	南明区 面积/hm²	南明区 占本县(市、区)耕地比例/%	清镇市 面积/hm²	清镇市 占本县(市、区)耕地比例/%	乌当区 面积/hm²	乌当区 占本县(市、区)耕地比例/%	息烽县 面积/hm²	息烽县 占本县(市、区)耕地比例/%	修文县 面积/hm²	修文县 占本县(市、区)耕地比例/%	云岩区 面积/hm²	云岩区 占本县(市、区)耕地比例/%
渗育型水稻土	147.52	3.86	469.76	14.02	2127.77	8.48	1454.37	2.68	75.30	4.97	3907.10	9.94	1728.67	17.88	2067.23	8.20	1712.50	7.14	2.78	0.68
脱潜型水稻土	36.21	0.95	—	—	21.12	0.08	210.38	0.39	—	—	203.33	0.52	—	—	—	—	106.86	0.45	—	—
淹育型水稻土	33.61	0.88	182.89	5.46	139.96	0.56	437.98	0.80	37.52	2.47	143.11	0.36	644.95	6.67	15.91	0.06	98.17	0.41	—	—
潴育型水稻土	917.45	23.97	236.69	7.07	5367.36	21.38	10111.98	18.60	208.98	13.78	1441.95	3.67	881.47	9.12	2628.58	10.43	1832.62	7.64	1.53	0.37
新积土	—	—	—	—	—	—	—	—	—	—	—	—	18.32	0.19	—	0.00	11.48	0.05	—	—
石灰性紫色土	—	—	—	—	—	—	64.70	0.12	—	—	29.28	0.07	—	—	118.43	0.47	—	—	—	—
酸性紫色土	—	—	102.69	3.07	76.98	0.31	46.29	0.09	19.91	1.31	263.63	0.67	36.89	0.37	894.64	3.55	116.54	0.49	25.48	6.13
中性紫色土	—	—	—	—	—	—	309.30	0.56	—	—	429.45	1.09	44.48	0.46	303.54	1.20	402.63	1.68	—	—
合计	3826.76	100.00	3349.84	100.00	25101.71	100.00	54358.68	100.00	1516.36	100.00	39288.28	100.00	9667.32	100.00	25212.50	100.00	23982.64	100.00	415.59	100.00

第4章　耕地质量调查评价方法

4.1　调查方法

4.1.1　资料收集与整理

收集的空间数据库内容包括：1∶1万土地利用现状图(第三次全国国土调查)、1∶1万行政区划图、1∶5万第二次土壤普查县级土壤图(纸质版，扫描后进行矢量化)、1∶1万采样点位图(利用采样点的经纬度信息制作)。

收集的历史和社会经济数据包括：第二次全国土地调查相关数据和当前行政区划情况以及人口、耕地面积等数据；土壤志、土种志、土壤普查专题报告；各土种性状描述，包括其发生、发育、分布、生产性能、障碍因素等；2019—2021年农业生产统计资料，土壤监测数据，田间试验数据，各乡镇历年化肥、农药、除草剂等农用化学品销售及使用情况，农作物布局等相关资料，全市及各乡镇基本自然资源状况资料等。

4.1.2　样点布设与调查

根据贵阳市土壤地图、土地利用现状图，综合考虑地形地貌、土壤类型、肥力高低、作物种类和管理水平，同时兼顾空间分布均匀性的原则，在室内预先确定采样点的数量和位置，形成采样点位图。原则上要求每3.0~6.5hm^{2}布设一个样点，特殊情况下可加大布点密度，如优势农作物或经济作物种植区、现代高效农业示范园区等。到实地选取地块时使用GPS定位，并采用统一编号。若图上标明的位置在当地不具典型性，需在实地另选具有典型性的地块，并在图上标明准确的经纬度、海拔以及相应的信息。

调查采样时间应选择在作物收获后或播种施肥前。对于大田作物，宜在春耕或秋种前采样；果园应在果品采摘后的第一次施肥前采集，幼树及未挂果园，应在清园扩穴施肥前采集；在作物生育期内取样时，应在当季作物底肥施用1~2个月后或生长后期、收割前期取样；对于穴施、条施田块，应尽量避免在施肥沟、穴取点；如果是起垄栽培的田块，应在垄台上采集，深度应从垄台高度的一半算起。

4.2 样品采集与分析

4.2.1 样品采集

准备好 GPS、木铲、锄头、竹片、采样袋、采样标签等工具。在已确定的采样田块中，以 GPS 定位点为中心，向四周辐射多个分样点。一般情况下，长方形地块采用"S"法，近似正方形的地块采用"X"法布置分样点，分样点的数量一般在 15 个以上。在每个分样点，用木铲或锄头挖开一个宽 10~20cm、深 0~20cm 的断面，再用竹片将断面表层土壤削除。将多个点采集的土壤充分混合后，摊在塑料布上，将大块的样品碾碎、混匀，铺成正方形，挑去石块、虫体、秸秆、根系等杂质，画对角线将土样分成四份，把对角的两份分别合并成一份，保留一份，弃去一份，重复多次，直至达到样品要求重量(四分法)。试验、示范田基础样需 2kg，一般农化样 1kg 即可。取样时要避开路边、田埂、沟边、肥堆等特殊部位。对样品进行编号并填写好采样登记簿及内外标签，检查三者的一致性，确认无误后再进行下一样品的采集。贵阳市共采集土壤样品 90712 个。

4.2.2 样品制备与分析

样品采集后，应及时送到前处理室，放置于木盘中或者塑料布上，摊成薄薄的一层，置于室内阴干。在土样半干时，剔除土壤以外的侵入体(如石子、虫体、植物残茬等)和新生体(如铁锰结核和石灰结核等)，以除去非土壤组成部分。如果石子过多，应当将拣出的石子称重，记下所占百分比。不能及时送到前处理室的样品，需及时在通风、干燥、避光的地方摊开于塑料膜或簸箕上，风干后及时送到前处理室。

将风干后的样品平铺在制样板上，用木棍或塑料棍碾压，压碎的土样要全部通过 2mm 孔径筛。未过筛的土粒必须重新碾压过筛，直至全部样品通过 2mm 孔径筛为止。过 2mm 孔径筛的土样可供 pH、有效养分项目的测定。

将通过 2mm 孔径筛的土样用四分法取出一部分继续碾磨，使之全部通过 0.25mm 孔径筛，供有机质、全氮等项目的测定。将样品磨制好后，装入土壤专用样品袋，转入化验室的样品贮藏室，按室内编号顺序有规律地摆放，待测。

检测项目包括：pH、有机质、全氮、碱解氮、有效磷、速效钾、缓效钾、有效铁、有效锰、有效铜、有效锌、有效硫、水溶性硼等 13 个指标。分析方法及质量控制参照《测土配方施肥技术规范》(NY/T 1118—2006)要求，其中 7 个指标的分析方法见表 4.1。

表 4.1 土壤样品测试项目及分析方法汇总表

序号	测试项目	分析方法
1	土壤 pH	电位法测定，土液比 1∶2.5
2	土壤有机质	重铬酸钾滴定法

续表

序号	测试项目	分析方法
3	土壤全氮	凯氏定氮法
4	土壤碱解氮	碱解扩散法
5	土壤有效磷	钼锑抗比色法
6	土壤速效钾	乙酸铵浸提-火焰光度法
7	土壤缓效钾	硝酸浸取-火焰光度法

4.2.3 质量控制

在检测过程中,主要采取以下质量控制措施:①严格按照《土壤分析技术规范(第二版)》[①]中的相关检测技术要求进行操作。②仪器设备在使用前进行自检,确保设备运行正常,要求预热的仪器一定要达到预热时间方可进行检测,检测时的温度控制按照要求进行调整。③空白试验消除系统误差,每批样品设置 2~3 个空白样,从待测试样的测定值中扣除空白值。④使用国家二级标准物质配比的标准溶液,建立标准曲线,要求标准曲线的线性相关系数达到 0.999 以上。每批样品均需制作标准曲线,且重现性良好,每检测 10 个样品需用标准液进行校验,检查仪器情况,符合有关要求后再继续进行样品检测,如有测定值超过标准曲线最高点的待测液,需稀释后再测定。⑤每批待测样品中加入 10%的平行样,测定合格率需达到 95%,如果平行样测定合格率小于 95%,该批样品需重新测定,直至合格。⑥每批待测样中,每 10 个样品加入 1 个参比样(由贵州省土壤肥料工作总站提供),如果测得的参比样值在允许的误差范围内,则这批样品的测定值有效,如果参比样的测定值超出了误差允许范围,这批样品须重新测定,直至合格。⑦通过不同实验室之间比对、同一检测室不同人员比对、盲样考核等方式,提高化验人员的检测水平。

4.3 评价指标体系建立

4.3.1 工作依据与技术标准

耕地质量等级调查评价工作依据下列标准和文件开展。
(1)《耕地质量等级》(GB/T 33469—2016);
(2)《土壤环境质量 农用地土壤污染风险管控标准(试行)》(GB 15618—2018);
(3)《中国土壤分类与代码》(GB/T 17296—2009);
(4)《土壤环境监测技术规范》(HJ/T 166—2004);
(5)《耕地质量划分规范》(NY/T 2872—2015);
(6)《补充耕地质量评定技术规范》(NY/T 2626—2014);

---
① 全国农业技术推广服务中心,2006.土壤分析技术规范.2 版.北京:中国农业出版社.

(7)《耕地质量监测技术规程》(NY/T 1119—2019);

(8)《耕地质量预警规范》(NY/T 2173—2012);

(9)《耕地地力调查与质量评价技术规程》(NY/T 1634—2008);

(10)《耕地质量验收技术规范》(NY/T 1120—2006);

(11)《全国耕地类型区、耕地地力等级划分》(NY/T 309—1996);

(12)《全国中低产田类型划分与改良技术规范》(NY/T 310—1996);

(13)土壤检测系列标准(NY/T 1121—2006);

(14)《农业农村部耕地质量监测保护中心关于印发〈全国耕地质量等级评价指标体系〉的通知》(耕地评价函〔2019〕87号);

(15)《农业农村部耕地质量监测保护中心关于印发〈全国九大农区及省级耕地质量监测指标分级标准(试行)〉的通知》(耕地监测函〔2019〕30号);

(16)《贵州省农业委员会关于印发〈贵州省耕地质量等级变更调查评价与统计工作实施方案〉的通知》(黔农办发〔2017〕249号)。

4.3.2 指标体系与评价方法

1. 明确分区

我国幅员辽阔,农业生产客观上存在着明显而复杂的区域差异,从北到南农业的巨大差异,鲜明地反映着自然条件的纬度地带性;从东南向西北农业特点的巨大差异,反映着自然条件的经度(海陆)地带性。我国发展农业生产的各种自然、经济条件,农林牧渔各部门的发展和布局、各种农业技术改革措施,在全国领土上无不具有鲜明的地域差异性;但同时,所有这些条件、部门和措施,却又不是互不相干、各自孤立存在的,而是同时并存于一定的地区,并且互相联系、互相影响,从而形成各地区不同的农业结构和鲜明的农业特点。

为了科学地揭示和掌握这种错综复杂的农业地域差异,通过综合研究其客观规律,按照区别差异性和归纳共同性的方法,把全国划分为一个由大到小的分级的农业区划系统,同时研究提出不同农业区的生产条件、特点、关键问题和潜力,以及进一步发展农业生产的方向和途径,以此作为因地制宜规划和指导农业生产的依据。综合农业区划乃是综合地揭示和反映农业生产条件、特点、潜力、方向和途径的区间差异性及区内一致性的地域单元系统。

针对我国农业生产的鲜明区域性,在进行耕地质量的综合评价时,首先必须科学地划分农业区。农业区的综合划分不是主观随意的,而是按照农业生产地域分异的客观规律,科学地揭示和反映农业生产的区间差异性和区内一致性。每个农业区内部都要有相对一致的条件、特点和问题,并同其他农业区存在明显的差异。这种农业生产的区间差异性和区内一致性,在范围大小不同的地区各有不同的概括程度,从而形成一个由普遍到特殊、由大同到小异的不同等级的农业区划系统。因此,在从立地条件、理化性状、土壤管理、障碍因素和土壤性状等方面综合评价耕地地力基础上,《中国综合农业区划》对全国耕地进行了区域划分。对耕地质量等级评价的区域划分充分考虑了我国综合农业区划的区域差异。

参照全国综合农业区划，按照农业生产地域分异规律，依照综合农业区划划分的如下4条基本依据：①发展农业的自然条件和社会经济条件的相对一致性；②农业生产基本特征与未来发展方向的相对一致性；③农业生产关键问题与建设途径的相对一致性；④基本保持县级行政区界的完整。根据以上原则，《中国综合农业区划》主要将我国陆地部分划分为9个一级农区。根据其自然、经济条件和实际存在的主要农业地域差异，在我国东部农业的发达地区划分为七大农业区域：东北区、内蒙古及长城沿线区、黄淮海区、黄土高原区、长江中下游区、西南区、华南区；在西部地区划分为甘新区及青藏区。这9个一级农区一方面反映我国农业自然条件和自然资源，特别是热、水、土等条件的不同；另一方面反映我国各地区通过长期历史发展过程形成的农业生产的基本地域特点。这些区域的主要条件和特点，都带有很强的稳定性，可以作为今后农业发展的大的地域单元。

西南区地处亚热带，以丘陵山地占优势，地形复杂。其自然条件和农业生产垂直分异显著，为重要的农林生产基地。其中，川黔地区多云雾阴雨，日照时数为全国最少。全区大部分雨量丰沛，但季节分配不均。春旱、伏旱、秋旱可在不同地区出现，农业生产仍受干旱威胁。西南区分为5个二级农区：秦岭大巴山林农区、四川盆地农林区、川鄂湘黔边境山地林农区、黔桂高原山地农林牧区、川滇高原山地农林牧区。其中，秦岭大巴山林农区山多坡陡，平地狭窄，发展种植业局限大，发展林牧副业的条件优越，基础较好，农业生产增产潜力大。四川盆地农林区水热条件优越、劳动力资源充裕，农业生产基础好，地势低缓，宜农宜林，是我国西南地区经济重心所在，地位重要。川鄂湘黔边境山地林农区是长江中游平原丘陵向云贵高原山地过渡的地带，山多平地少，宜林地广阔，气候、土壤条件对林业很有利，林业生产有较好基础。黔桂高原山地农林牧区地形复杂，农业产量低，却是发展多种经济潜力很大的地区。该区域山地广阔，气候温暖湿润，适于发展林牧副业，林牧副业和烤烟等生产有较好基础，以林为主有利于恢复山区生态平衡。川滇高原山地农林牧区是我国自然条件局部差异显著的高原山地，也是立体农业最发达的地区，地貌条件复杂，土地资源丰富，气候条件较好，垂直变化明显。贵州省内包含3个二级农业区，分别为川鄂湘黔边境山地林农区、黔桂高原山地农林牧区、川滇高原山地农林牧区。其中，川滇高原山地农林牧区包括威宁县、赫章县2个县；黔桂高原山地农林牧区包括安龙县、白云区、七星关区、册亨县等共计58个县(市、区)；川鄂湘黔边境山地林农区包括岑巩县、丹寨县、江口县等共计28个县(市、区)。贵阳市属于黔桂高原山地农林牧区二级区。

2. 指标权重

评价指标权重如表4.2所示。

表4.2 各指标权重

指标名称	指标权重
地形部位	0.1000
灌溉能力	0.0995
有效土层厚	0.0911

续表

指标名称	指标权重
有机质	0.0894
耕层质地	0.0859
速效钾	0.0743
pH	0.0614
土壤容重	0.0600
障碍因素	0.0550
排水能力	0.0542
质地构型	0.0484
海拔	0.0471
有效磷	0.0454
生物多样性	0.0331
农田林网化	0.0282
清洁程度	0.0272

3. 指标隶属度

概念性指标隶属度和数值型指标隶属函数如表 4.3 和表 4.4 所示。

表 4.3 概念性指标隶属度

指标	隶属度									
地形部位	山间盆地	宽谷盆地	平原低阶	平原中阶	平原高阶	丘陵上部	丘陵中部	丘陵下部	山地坡上	山地坡中	山地坡下
地形部位隶属度	0.85	0.9	1	0.9	0.8	0.6	0.75	0.85	0.45	0.65	0.75
耕层质地	砂土	砂壤	轻壤	中壤	重壤	黏土					
耕层质地隶属度	0.5	0.85	0.9	1	0.95	0.65					
质地构型	薄层型	松散型	紧实型	夹层型	上紧下松型	上松下紧型	海绵型				
质地构型隶属度	0.3	0.35	0.75	0.65	0.45	1	0.9				
生物多样性	丰富	一般	不丰富								
生物多样性隶属度	1	0.85	0.7								
清洁程度	清洁	尚清洁									
清洁程度隶属度	1	0.9									
障碍因素	瘠薄	酸化	渍潜	障碍层次	无						

注：地形部位表头跨11列，应为山间盆地、宽谷盆地、平原低阶、平原中阶、平原高阶、丘陵上部、丘陵中部、丘陵下部、山地坡上、山地坡中、山地坡下。

续表

指标	隶属度										
地形部位	山间盆地	宽谷盆地	平原低阶	平原中阶	平原高阶	丘陵上部	丘陵中部	丘陵下部	山地坡上	山地坡中	山地坡下
障碍因素隶属度	0.3	0.5	0.75	0.65	1						
灌溉能力	充分满足	满足	基本满足	不满足							
灌溉能力隶属度	1	0.9	0.7	0.35							
排水能力	充分满足	满足	基本满足	不满足							
排水能力隶属度	1	0.9	0.7	0.5							
农田林网化	高	中	低								
农田林网化隶属度	1	0.85	0.7								

表 4.4 数值型指标隶属函数

指标名称	函数类型	函数公式	a 值	b 值	c 值	u 的下限值	u 的上限值
海拔	负直线型	$y=b-au$	0.000302	1.042457		300.0	3446.5
有效土层厚	戒上型	$y=1/[1+a(u-c)^2]$	0.000155		112.54255	5	113
土壤容重	峰型	$y=1/[1+a(u-c)^2]$	7.766045		1.294252	0.50	2.37
pH	峰型	$y=1/[1+a(u-c)^2]$	0.192480		6.854550	3.0	9.5
有机质	戒上型	$y=1/[1+a(u-c)^2]$	0.001725		37.52	1	37.5
速效钾	戒上型	$y=1/[1+a(u-c)^2]$	0.000049		205.2539	5	205
有效磷	峰型	$y=1/[1+a(u-c)^2]$	0.000253		63.712849	0.1	252.3

4.3.3 数据库建立

1. 属性数据库的建立

按照《耕地质量等级》(GB/T 33469—2016)的要求建立属性数据库。属性数据库的内容包括野外调查资料和室内化验分析资料。野外调查资料从野外调查点获取，主要包括地形地貌、土壤母质、水文、土层厚度、土壤质地、耕地利用现状、灌排条件、作物长势产量、管理措施水平等。室内化验分析数据包括全氮、有效磷、缓效钾、速效钾、有机质、pH、中微量元素等。属性数据库字段包括：统一编号、省名、市州名、县名、乡镇名、村名、组(社)、采样年份、经度、纬度、海拔、土类、亚类、土属、土种、成土母质、地貌类型、地形部位、有效土层厚度、耕层厚度、耕层质地、耕层土壤容重、质地构型、常年耕作制度、熟制、生物多样性、农田林网化程度、障碍因素、障碍层类型、障碍层深度、障碍层厚度、灌溉能力、灌溉方式、水源类型、排水能力、土壤 pH、有机质、全氮、有效磷、速效钾、缓效钾、有效铜、有效锌、有效铁、有效锰、有效硼、有效硫、有效硅、交换性钙、交换性镁、水溶性盐总量、阳离子交换量。

属性数据采集标准按照《测土配方施肥数据字典》执行,包含对每个指标完整的命名、格式、类型、取值区间等定义。在建立属性数据库时按数据字典要求,制订统一的基础数据编码规则,进行属性数据录入。属性数据库的建立与录入独立于空间数据库,利用农业农村部"测土配方施肥数据管理系统"录入野外调查资料和室内化验分析数据,之后将野外调查资料、室内化验分析数据、土壤代码、行政区划代码等相关数据导出为 Excel 表格,再采用 ACCESS 建立数据库(图 4.1)。

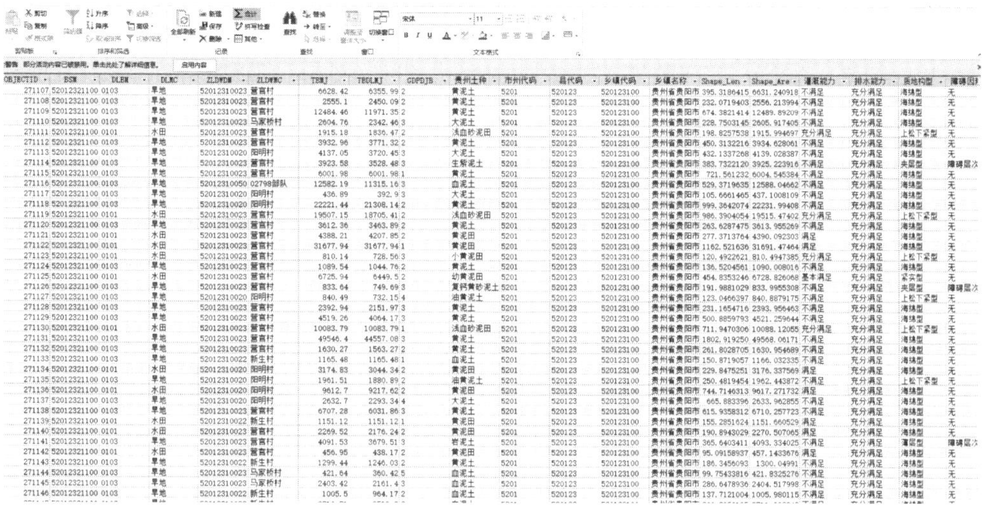

图 4.1 耕地资源管理单元属性数据图示

2. 空间数据库的建立

空间数据库的内容包括:土地利用现状图、土壤图、行政区划图、地形图等,比例尺为 1∶1 万或者 1∶5 万。

空间数据采集标准如下。

(1)为确保市级评价结果的实用性及可操作性,并能充分利用县级评价的土壤调查、测试数据,对县级 1∶5 万的土地利用现状图进行拼接、缩编形成市级土地利用现状图。

(2)投影方式:高斯-克吕格投影,3 度分带。

(3)坐标系及椭球参数:CGCS2000/克拉索夫斯基。

(4)高程系统:1980 年国家高程基准。

(5)野外调查 GPS 定位数据:初始数据采用经纬度,统一采用 WGS84 坐标系,并在调查表格中记载;装入 GIS 系统与图件匹配时,再投影转换为上述直角坐标系坐标。

(6)数据库的存储方式:数据库采用 Esri 公司的 Geodatabase 空间数据模型进行建立。Geodatabase 存储结构可以容纳巨大且连续的要素集和特征组,无须分幅、分块存储和空间分离,便可以将空间数据和属性数据集成在同一关系型数据库中。

建立空间数据库首先进行图件数字化。图件数字化后以 shape 格式导出，在 ArcGIS 中进行图形编辑、纠错，建立拓扑关系。然后进行坐标及投影转换。投影方式采用高斯-克吕格投影，3 度分带；坐标系及椭球参数采用 CGCS2000/克拉索夫斯基；高程系统采用 1980 年国家高程基准；野外调查 GPS 定位数据的初始数据采用经纬度，统一采用 WGS84 坐标系，并在调查表格中记载，装入 GIS 系统与图件匹配时，再投影转换为上述直角坐标系坐标。

3. 属性数据库和空间数据库的连接

属性数据库的数据来源于各类统计资料、相关历史资料、调查样点的调查资料以及室内分析数据及报表等。以建立的数据字典为基础，在数字化图件时对点、线、面（多边形）均赋予相应的属性编码，如在数字化土地利用现状图时，对每一多边形同时输入土地利用编码，从而建立空间数据库与属性数据库具有连接的共同字段和唯一索引。图件数字化完成后，在 ArcGIS 下调入相应的属性数据库，完成库与库间的连接，并对属性字段进行相应整理，最终建立完整的具有相应属性要素的数字化地图。

样点赋值方法：采样点利用 GPS 定位，所得出的空间位置信息都是基于 WGS84 的坐标系统。GPS 记录下的经纬度数值大多为度分格式(dd.mm)，但也有部分为度分秒格式(dd.mm.ss)。在实际工作中，由于采样人员缺乏对 GPS 仪器和经纬度表示格式的了解，出现了将度分格式的数值记录为度分秒格式，度分秒格式记录为度分格式的情况；同时，由于采样数据量大，人为记录数据、录入数据造成了许多数值错误。因此，实施中我们根据 GPS 仪器的特点，分析采样人员错误出现的原因，形成了一些方法对数据进行纠正（如充分利用采样地块基本情况、行政区划图、土地利用现状图进行坐标校对，判断点的位置是否出错、分析出错原因等）。

对于耕层质地、灌溉能力、地形部位等相对定性的因子，由于没有相应的专题图，因此其值不能通过 GIS 中的空间分析功能直接进行提取，只能通过土壤采样点的调查数据得到。土壤调查样点分布较为均匀，且密度较大，在采集土壤时，对各样点的耕层质地、灌溉能力、地形部位因子进行详细调查，而这些因子在空间上一定范围内存在相对一致性，即在一定的采样密度下，每个采样点附近评价单元的这些因子的值可以用该样点的值代替，即以点代面来实现评价单元中对耕层质地、灌溉能力、地形部位等因子值的提取。

国内耕地图斑养分的获取一般采用克里金(Kriging)空间插值法，但贵州省的耕地极其破碎，土壤种类的分布图斑小，不同的地形、土壤、耕地指标下土壤养分具有不同的空间变异及不同的统计特征。因此，为更准确地使耕地图斑的养分符合实际情况，在实施中对不同的插值模型与参数进行分析，找出"以点代面、同土种相似、空间相关"的土壤养分空间属性数据赋值方法，具体为：对每个图斑内的样点测试值进行统计，以平均值对图斑进行赋值，没有样点的以相邻同土种图斑的值进行赋值，无相邻同土种图斑的以同村（如无，则以同乡；还无，则以全县）同土种图斑值的加权平均值与相邻图斑值的平均值加权赋值。

对于海拔因子值的获取，采用等高线等线状地物进行数据内插而生成数字高程模型(digital elevation model，DEM)，再通过对每个单元所覆盖的 DEM 进行高程统计，最终就实现了这些因子值的提取。

4. 评价单元的确定

评价单元的划分采用土壤图、土地利用现状图及行政区划图叠置划分的方法，即"土地利用现状类型-土壤类型-行政区划"的格式，位于同一个乡镇的相同土壤单元及土地利用现状类型的地块组成一个评价单元。其中，土壤类型划分到土种，土地利用现状类型划分到二级利用类型。同一评价单元内的土壤类型相同，土地利用类型相同，交通、水利、经营管理方式等基本一致，这种划分方式既克服了土地利用类型在性质上的不均一性，又克服了土壤类型在地域边界上的不一致性；同时，考虑了行政边界因素，使评价单元的行政隶属关系明确，便于将评价结果落实到实地。本次评价通过将土地利用现状图、土壤图及乡镇级行政区划图进行叠置，划分生成贵阳市耕地地力评价单元298008个。

5. 评价信息的提取

影响耕地地力的因子非常多，且这些因子在计算机中的存储方式也不尽相同，如何准确地在评价单元中获取评价信息是关键一环。由土壤图、土地利用现状图和行政区划图叠加生成施肥指导的单元图斑，在单元图斑内统计采样点，如果一个单元内有一个采样点，则该单元的数值就用该点的数值，如果一个单元内有多个采样点，则该单元的数值采用多个采样点的平均值（数值型数据取平均值，文本型数据取大样本值，下同）；如果某一单元内没有采样点，则该单元的值用与该单元相邻同土种的单元的值代替；如果没有同土种单元相邻，或相邻同土种单元也没有数据，则可用与之较近的多个单元（数据）的平均值代替。

6. 耕地质量评价方法

1) 评价依据

依据《耕地质量等级》（GB/T 33469—2016）、《全国耕地质量等级评价指标体系》对贵阳市耕地地力进行等级划分。采样调查、分析化验、田间试验、示范数据是测土配方施肥项目的重要成果，也是制定肥料配方和开展耕地地力评价的重要依据。分析化验、汇总、数据库建设等工作均由各县（市、区）土肥站完成。按照整体设计、分步实施的原则，逐步建立了贵阳市县域耕地资源管理信息系统，为贵阳市耕地地力评价提供了数据和方法支撑。

2) 评价原则

开展耕地质量评价应遵循以下原则。

(1) 客观公正原则。调查监测评价工作要客观公正，内容、指标、过程和结果要向社会公开。

(2) 简便实用原则。调查监测评价的指标应便于获取、可量可测、可验证，评价结果能够客观反映区域特征，为管理决策提供依据。

(3) 定量分析与定性分析相结合原则。耕地质量等级评价以定量计算为主，对难以定量评价的自然因素、社会经济因素采用必要的定性分析。

(4) 调查监测与变更评价互补原则。采用"两定一更新"的方法评价年度耕地质量变化。"两定"：固定年度调查取样时间和耕地质量等级监测采样点；"一更新"：依据土壤混合样的监测结果和因建设而更新的数据资料，完成当年耕地质量等级变更评价。两者都是耕地质量调查监测与评价工作的重要组成部分，在组织实施中要相互衔接。

3) 评价流程

围绕耕地质量等级评价的目标和任务，基于《耕地质量等级》（GB/T 33469—2016）国家标准，参照《全国耕地质量等级评价指标体系》，结合贵州省现有耕地质量调查评价的工作，全省统一规范评价指标体系和技术方法，实行耕地质量"10个等级一把尺子"的评价标准；以县（市、区）为单位，在县域范围内布设调查样点，通过野外采样与外业调查的方式，获取耕地质量等级评价指标数据，结合实际情况，进行耕地质量等级评价工作，分析耕地质量等级的空间格局及分布差异情况，形成县级评价报告、图件、数据库等成果。然后通过市级核查与汇总后上报省厅，省厅对成果进行论证、验收后上报农业农村部。具体工作流程如图4.2所示。

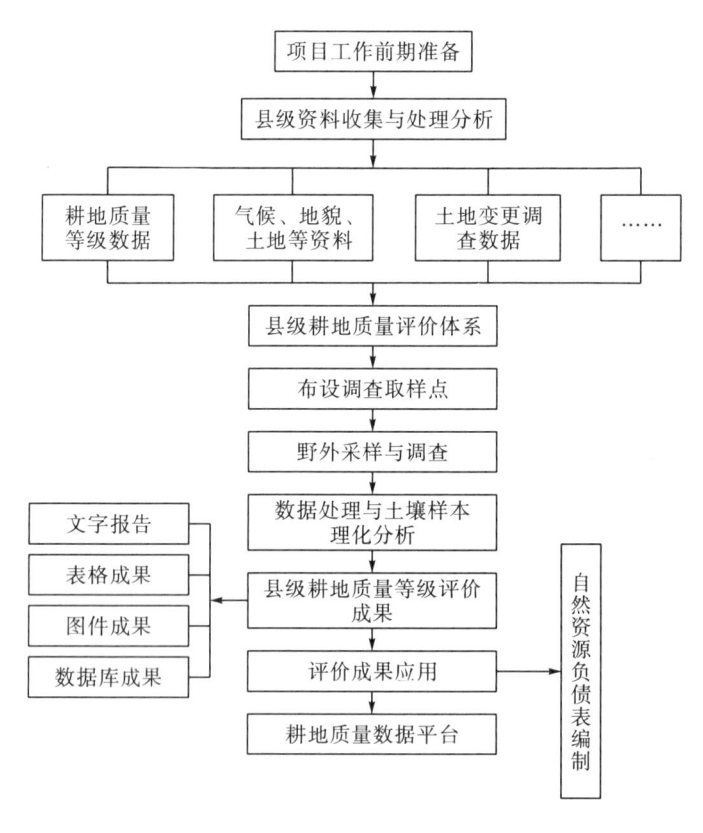

图 4.2 耕地质量等级评价工作流程图

4) 耕地质量等级划分

利用累加模型计算耕地地力综合指数（integrated fertility index，IFI），即对于每个评价单元的耕地地力综合指数：

$$\text{IFI} = \sum F_i \times C_i \ (i=1,2,3,\ldots,n)$$

式中，IFI 为耕地地力综合指数；F_i 为第 i 个评价指标隶属度；C_i 为第 i 个评价因子的组合权重。

耕地地力等级划分一般采用等间距法、数轴法和累积曲线法。《全国耕地类型区、耕地地力等级划分》根据耕地基础地力不同所构成的生产能力，将全国耕地分为十个地力等级。根据粮食单产水平来划分每个等级级差（1500kg/hm²）。采用当地典型的粮食种植制度的近期正常年份全年粮食产量水平计算，即一等地大于 13500kg/hm²，二等地 12000～13500kg/hm²，三等地 10500～12000kg/hm²，四等地 9000～10500kg/hm²，五等地 7500～9000kg/hm²，六等地 6000～7500kg/hm²，七等地 4500～6000kg/hm²，八等地 3000～4500 kg/hm²，九等地 1500～3000kg/hm²，十等地小于 1500kg/hm²。以全年粮食产量水平作为引导因素，将耕地引入不同的地力等级中，确立 7 个耕地类型区的地力等级范围，同时作为全国耕地不同等级面积统计的统一标准。本次评价参考《全国耕地类型区、耕地地力等级划分》和《贵州省耕地地力评价技术规范》，以耕地地力综合指数为依据，采用等间距分级法将贵阳市耕地地力分为十个等级。

5）评价结果验证

贵阳市国家级耕地质量监测点共计 5 个（表 4.5）。作物产量与耕地地力等级吻合率为 100%。

表 4.5　贵阳市国家级耕地质量监测点

监测点编号	建点年份	县(区)	乡镇名	所在单位/村名	种植制度	土种	主栽作物	主栽作物产量/kg	地力等级
520396	1994	花溪区	金竹镇	贵州省农科院	稻	黄砂泥田	水稻	662	四
520397	1994	花溪区	金竹镇	贵州省农科院	玉	黄泥土	玉米	624	四
521473	2020	乌当区	百宜镇	红旗村	玉米-蔬菜	黄泥土	甜糯玉米	275	七
520906	2014	开阳县	城关镇	石头村	玉	黄泥土	玉米	542	五
520324	1988	息烽县	永靖镇	马当田村	玉	大泥土	玉米	560	五

第 5 章 耕地土壤主要性状

5.1 养分状况

5.1.1 土壤有机质

有机质是土壤的重要组成部分，含有作物生长所需要的各种营养元素，在调控土壤理化性质、环境保护、保障土壤资源的可持续发展和提高作物产量等方面都具有很重要的作用和意义。因此，客观了解土壤有机质的含量现状并分析变化趋势，对于调控土壤有机质的含量、提高耕地地力和增加作物产量具有重要的意义。

1. 不同土地利用方式下土壤有机质含量

在贵阳市的旱地、水田和水浇地这三种土地利用方式下，旱地土壤有机质含量以25~35g/kg和大于35g/kg为主，分别占旱地总面积的50.28%和39.04%，土壤有机质较丰富及以上含量占比为89.32%。水田土壤有机质含量以大于35g/kg和25~35g/kg为主，分别占水田总面积的44.01%和41.33%，土壤有机质较丰富及以上含量占比85.34%。水浇地土壤有机质含量基本在15g/kg以上，以25~35g/kg和大于35g/kg为主，分别占水浇地总面积的57.18%和27.69%，土壤有机质含量处于较丰富及以上水平的占比为84.87%(表5.1)。

表5.1 2021年贵阳市不同土地利用方式下土壤有机质含量分级统计表

含量范围 /(g/kg)	旱地 面积/hm²	旱地 比例/%	水田 面积/hm²	水田 比例/%	水浇地 面积/hm²	水浇地 比例/%	含量等级
>35	54748.93	39.04	20050.30	44.01	258.25	27.69	丰富
25~35	70510.28	50.28	18830.16	41.33	533.27	57.18	较丰富
15~25	13798.33	9.84	6143.73	13.48	141.11	15.13	一般
10~15	900.95	0.64	432.58	0.95	—	—	较低
<10	265.81	0.19	105.99	0.23	—	—	低

2. 各县(市、区)土壤有机质含量

贵阳市各县(市、区)土壤有机质含量基本以25~35g/kg和大于35g/kg为主(表5.2)。其中，白云区土壤有机质含量以25~35g/kg为主，在本区占比为54.32%；其次为大于

35g/kg,占比 24.40%。观山湖区土壤有机质含量以 25~35g/kg 为主,在本区占比为 44.73%;其次为大于 35g/kg,占比 40.65%。花溪区土壤有机质含量以 25~35g/kg 为主,在本区占比为 43.52%;其次为大于 35g/kg,占比 39.33%。开阳县土壤有机质含量以 25~35g/kg 为主,在本区占比为 55.33%;其次为大于 35g/kg,占比 36.73%。南明区土壤有机质含量以 25~35g/kg 为主,在本区占比为 62.32%;其次为大于 35g/kg,占比 34.35%。清镇市土壤有机质含量以大于 35g/kg 为主,在本市占比为 45.00%;其次为 25~35g/kg,占比 43.96%。乌当区土壤有机质含量以 25~35g/kg 为主,在本区占比为 43.83%;其次为大于 35g/kg,占比 42.93%。息烽县土壤有机质含量以 25~35g/kg 为主,在本县占比为 50.34%;其次为大于 35g/kg,占比 35.79%。修文县土壤有机质含量以大于 35g/kg 为主,在本县占比为 47.47%;其次为 25~35g/kg,占比 41.46%。云岩区土壤有机质含量以 25~35g/kg 为主,在本区占比为 50.97%;其次为大于 35g/kg,占比 40.01%。

贵阳市各县(市、区)土壤有机质基本以较丰富和丰富状态为主。对有机质含量在 25g/kg 以上的各县(市、区)进行比较,其占比从高到低的顺序为:南明区(96.67%)＞开阳县(92.06%)＞云岩区(90.98%)＞清镇市(88.96%)＞修文县(88.93%)＞乌当区(86.76%)＞息烽县(86.13%)＞观山湖区(85.38%)＞花溪区(82.85%)＞白云区(78.72%)。

表 5.2 2021 年贵阳市各县(市、区)土壤有机质含量分级统计表

县(市、区)	<10g/kg(低) 面积/hm²	本区占比/%	10~15g/kg(较低) 面积/hm²	本区占比/%	15~25g/kg(一般) 面积/hm²	本区占比/%	25~35g/kg(较丰富) 面积/hm²	本区占比/%	>35g/kg(丰富) 面积/hm²	本区占比/%
白云区	19.61	0.51	34.62	0.90	760.01	19.86	2078.69	54.32	933.86	24.40
观山湖区	4.47	0.13	34.74	1.04	450.47	13.45	1498.44	44.73	1361.71	40.65
花溪区	57.68	0.23	273.93	1.09	3975.47	15.84	10923.14	43.52	9871.49	39.33
开阳县	59.22	0.11	201.12	0.37	4059.15	7.47	30075.04	55.33	19964.17	36.73
南明区	0.88	0.06	1.47	0.10	48.20	3.18	944.93	62.32	520.87	34.35
清镇市	91.19	0.23	341.64	0.87	3906.42	9.94	17269.20	43.96	17679.84	45.00
乌当区	18.74	0.19	84.56	0.87	1176.74	12.17	4237.52	43.83	4149.76	42.93
息烽县	38.75	0.15	219.15	0.87	3239.10	12.85	12691.76	50.34	9023.73	35.79
修文县	81.27	0.34	140.22	0.58	2432.24	10.14	9943.16	41.46	11385.75	47.47
云岩区	—	—	2.09	0.50	35.37	8.51	211.83	50.97	166.29	40.01

3. 耕地采样点有机质含量

根据 2021 年耕地质量采样点数据,贵阳市耕层土壤有机质采样点数为 397 个,含量为 6.67~100.00g/kg,平均值为 40.23g/kg,标准差为 17.71g/kg,变异系数为 44.02%。其中,观山湖区的土壤有机质含量平均值最高,为 57.65g/kg,乌当区土壤有机质含量平均值最低,为 30.33g/kg(表 5.3)。

表 5.3 2021年贵阳市不同县(市、区)的采样点耕层土壤有机质含量状况统计表

县 (市、区)	采样点数 /个	最小值 /(g/kg)	最大值 /(g/kg)	平均值 /(g/kg)	标准差 /(g/kg)	变异系数 /%
白云区	11	24.84	43.84	32.91	6.83	20.75
观山湖区	14	25.12	100.00	57.65	29.42	51.02
花溪区	56	17.80	88.20	49.41	14.62	29.58
开阳县	102	14.10	100.00	39.88	15.02	37.67
南明区	1	42.30	42.30	42.30	—	—
清镇市	73	6.67	99.30	42.49	22.82	53.71
乌当区	27	17.00	61.10	30.33	9.24	30.46
息烽县	50	16.50	100.00	34.62	14.36	41.48
修文县	63	10.20	76.20	36.10	14.41	39.91

4. 土壤有机质年度变化趋势

根据 2019—2021 年的数据统计(表 5.4),水浇地中的有机质占比在 2019—2020 年的变化最大,其中,2019 年有机质含量为 15～25g/kg 的占比 7.47%,2020 年占比 15.65%,呈增长趋势;有机质含量为 25～35g/kg 的 2019 年占比 38.64%,2020 年占比 57.42%,呈增长趋势;有机质含量大于 35g/kg 的 2019 年占比 53.89%,2020 年占比 26.93%,呈下降趋势;旱地与水田的变化则较小,比例的变化皆在 2% 以下。

表 5.4 2019—2021年不同土地利用方式下土壤有机质变化统计表

含量范围 /(g/kg)	年份	旱地 面积/hm²	旱地 比例/%	水田 面积/hm²	水田 比例/%	水浇地 面积/hm²	水浇地 比例/%
>35	2019	55837.00	38.92	21163.06	45.35	473.33	53.89
>35	2020	55247.15	39.01	20246.47	44.02	242.11	26.93
>35	2021	54748.93	39.04	20050.30	44.01	258.25	27.69
25～35	2019	71780.61	50.04	19082.13	40.89	339.33	38.64
25～35	2020	71196.13	50.28	18980.29	41.27	516.18	57.42
25～35	2021	70510.28	50.28	18830.16	41.33	533.27	57.18
15～25	2019	14563.73	10.15	5785.78	12.40	65.64	7.47
15～25	2020	13990.28	9.88	6220.07	13.52	140.66	15.65
15～25	2021	13798.33	9.84	6143.73	13.48	141.11	15.13
10～15	2019	960.48	0.67	522.12	1.12	—	—
10～15	2020	901.42	0.64	442.34	0.96	—	—
10～15	2021	900.95	0.64	432.58	0.95	—	—
<10	2019	317.35	0.22	117.67	0.25	—	—
<10	2020	270.58	0.19	105.62	0.23	—	—
<10	2021	265.81	0.19	105.99	0.23	—	—

5.1.2 土壤全氮

氮是植物生长的一种必需营养元素,对作物的生长发育和产量起到重要作用。土壤中能被作物吸收的是无机形态的氮,无机形态的氮只占1%～5%,绝大多数是以有机态存在,大部分有机态的氮只有在微生物作用下,逐渐矿化后才能被作物吸收。全面客观地了解土壤全氮的含量状况,对于合理调控土壤全氮含量和合理施用氮肥具有重要意义。

1. 不同土地利用方式下土壤全氮含量

旱地全氮含量以大于2g/kg和1.5～2g/kg为主,分别占旱地总面积的54.37%和36.56%,全氮含量较丰富及以上等级的占90.93%。水田全氮含量以大于2g/kg为主,占水田总面积的75.49%,全氮含量较丰富及以上等级的占93.72%。水浇地全氮含量以大于2g/kg和1.5～2g/kg为主,分别占水浇地总面积的61.29%和32.31%,全氮含量较丰富及以上等级的占93.60%(表5.5)。

表5.5 不同土地利用方式下土壤全氮含量分级统计表

含量范围 /(g/kg)	旱地 面积/hm²	比例/%	水田 面积/hm²	比例/%	水浇地 面积/hm²	比例/%	含量等级
>2	76235.09	54.37	34395.73	75.49	571.57	61.29	丰富
1.5～2	51267.13	36.56	8307.56	18.23	301.36	32.31	较丰富
1～1.5	11710.69	8.35	2499.79	5.49	46.77	5.01	一般
0.5～1	985.86	0.70	304.81	0.67	12.93	1.39	低
<0.5	25.54	0.02	54.87	0.12	—	—	较低

2. 各县(市、区)土壤全氮含量

贵阳市各县(市、区)土壤全氮含量基本以大于2g/kg为主(表5.6)。其中,白云区土壤全氮含量以大于2g/kg为主,在本区占比为89.05%。观山湖区土壤全氮含量以大于2g/kg为主,在本区占比为54.58%;其次为1.5～2g/kg,占比40.96%。花溪区土壤全氮含量以大于2g/kg为主,在本区占比为74.82%。开阳县土壤全氮含量以大于2g/kg为主,在本县占比为70.75%。南明区土壤全氮含量以大于2g/kg为主,在本区占比为88.37%。清镇市土壤全氮含量以大于2g/kg为主,在本市占比为57.83%;其次为1.5～2g/kg,占比35.47%。乌当区土壤全氮含量以大于2g/kg为主,在本区占比为72.93%。息烽县土壤全氮含量以1.5～2g/kg为主,在本县占比为48.57%;其次为大于2g/kg,占比31.95%。修文县土壤全氮含量以1.5～2g/kg为主,在本县占比为47.51%;其次为大于2g/kg,占比38.48%。云岩区土壤全氮含量以大于2 g/kg为主,在本区占比为79.27%。

贵阳市各县(市、区)土壤全氮以较丰富和丰富状态为主。对全氮含量在1.5g/kg以上的各县(市、区)进行比较,其占比从高到低的顺序为:南明区(99.95%)>云岩区

(99.28%)＞乌当区(98.98%)＞开阳县(97.09%)＞观山湖区(95.54%)＞清镇市(93.30%)＞白云区(91.37%)＞花溪区(89.74%)＞修文县(85.99%)＞息烽县(80.52%)。

表 5.6 各县(市、区)土壤全氮含量分级统计表

县 (市、区)	<0.5g/kg(低) 面积/hm²	本区占比/%	0.5~1g/kg(较低) 面积/hm²	本区占比/%	1~1.5g/kg(一般) 面积/hm²	本区占比/%	1.5~2g/kg(较丰富) 面积/hm²	本区占比/%	>2g/kg(丰富) 面积/hm²	本区占比/%
白云区	—	—	—	—	330.19	8.63	88.82	2.32	3407.76	89.05
观山湖区	—	—	1.00	0.03	148.45	4.43	1372.08	40.96	1828.31	54.58
花溪区	54.35	0.22	497.44	1.98	2022.82	8.06	3744.83	14.92	18782.28	74.82
开阳县	6.82	0.01	79.38	0.15	1495.22	2.75	14319.29	26.34	38457.98	70.75
南明区	—	—	—	—	0.80	0.05	175.59	11.58	1339.96	88.37
清镇市	—	—	107.76	0.27	2524.83	6.43	13934.83	35.47	22720.87	57.83
乌当区	—	—	—	—	99.14	1.03	2518.27	26.05	7049.92	72.93
息烽县	—	—	250.07	0.99	4660.08	18.48	12246.07	48.57	8056.27	31.95
修文县	19.24	0.08	367.96	1.53	2972.76	12.40	11393.09	47.51	9229.59	38.48
云岩区	—	—	—	—	2.96	0.71	83.17	20.01	329.45	79.27

3. 耕地采样点全氮含量

根据 2021 年耕地质量采样点数据,贵阳市耕层土壤全氮采样点数为 397 个,含量为 0.42~4.32g/kg,平均值为 2.17g/kg,标准差为 0.62g/kg,变异系数为 28.78%。其中白云区土壤全氮含量平均值最低,为 1.72g/kg(表 5.7)。

表 5.7 2021 年贵阳市不同县(市、区)的采样点耕层土壤全氮含量状况统计表

县 (市、区)	采样点数 /个	最小值 /(g/kg)	最大值 /(g/kg)	平均值 /(g/kg)	标准差 /(g/kg)	变异系数 /%
白云区	11	1.41	2.57	1.72	0.36	21.14
观山湖区	14	1.54	3.83	2.34	0.59	25.23
花溪区	56	0.42	4.19	2.28	0.76	33.30
开阳县	102	1.02	3.64	2.23	0.60	26.94
南明区	1	2.48	2.48	2.48	—	—
清镇市	73	0.95	3.83	2.42	0.58	24.02
乌当区	27	1.33	3.11	1.98	0.46	23.11
息烽县	50	1.08	4.32	2.02	0.59	29.23
修文县	63	0.98	4.13	1.91	0.55	28.64

4. 土壤全氮年度变化趋势

根据 2020—2021 年的数据统计，旱地中土壤全氮含量在 0.5～1g/kg、1～1.5g/kg 以及大于 2g/kg 范围内有少许变化，比例变化分别为-0.02%、0.02%和-0.01%。水田中土壤全氮含量在 0.5～1g/kg、1.5～2g/kg 以及大于 2g/kg 范围内有少许变化，比例变化分别为 0.01%、-0.06%和 0.05%。水浇地中土壤全氮含量在 0.5～1g/kg、1～1.5g/kg、1.5～2g/kg 以及大于 2g/kg 范围内有少许变化，比例变化分别为-0.05%、-0.13%、0.21%和-0.03%（表 5.8）。

表 5.8　2020—2021 年不同土地利用方式下土壤全氮变化统计表

含量范围/(g/kg)	年份	旱地 面积/hm²	旱地 比例/%	水田 面积/hm²	水田 比例/%	水浇地 面积/hm²	水浇地 比例/%
>2	2020	77006.54	54.38	34696.76	75.44	551.22	61.32
	2021	76235.09	54.37	34395.73	75.49	571.57	61.29
1.5～2	2020	51764.41	36.56	8410.91	18.29	288.56	32.10
	2021	51267.13	36.56	8307.56	18.23	301.36	32.31
1～1.5	2020	11790.02	8.33	2526.53	5.49	46.24	5.14
	2021	11710.69	8.35	2499.79	5.49	46.77	5.01
0.5～1	2020	1019.01	0.72	305.60	0.66	12.93	1.44
	2021	985.86	0.70	304.81	0.67	12.93	1.39
<0.5	2020	25.57	0.02	54.98	0.12	—	—
	2021	25.54	0.02	54.87	0.12	—	—

5.1.3　土壤有效磷

磷是作物生长必需的三大元素之一，土壤中磷的含量与母质类型、成土作用和耕作施肥密切相关，同时还与土壤有机质和土壤质地有联系。土壤中的磷包括有机磷和无机磷，矿质土壤以无机磷为主，有机磷只占全磷的 20%～50%。土壤中大部分的磷都不能直接被作物吸收利用，能被作物吸收利用的是土壤中很少部分的有效磷，包括全部水溶性磷、部分吸附态磷及有机态磷。了解土壤有效磷的含量现状及变化规律，可以为科学施肥及调控土壤磷含量提供依据。

1. 不同土地利用方式下土壤有效磷含量

旱地有效磷含量以 10～20mg/kg 为主，其面积占旱地总面积的 42.07%；其次为含量 20～30mg/kg，占 25.42%。水田有效磷含量以 10～20mg/kg 为主，占水田总面积的 51.62%；其次为含量 20～30mg/kg 和 5～10mg/kg，分别占 16.81%和 15.25%。水浇地有效磷含量以 10～20mg/kg 为主，占水浇地总面积的 47.97%；其次为含量 20～30mg/kg，占 23.16%。综合来看，旱地、水田、水浇地有效磷含量处于一般状态（表 5.9）。

表 5.9 不同土地利用方式下土壤有效磷含量分级统计表

含量范围 /(mg/kg)	旱地 面积/hm²	占比/%	水田 面积/hm²	占比/%	水浇地 面积/hm²	占比/%	含量等级
>30	22062.05	15.73	5078.91	11.15	76.11	8.16	丰富
20~30	35650.69	25.42	7660.51	16.81	216.00	23.16	较丰富
10~20	58993.96	42.07	23520.39	51.62	447.39	47.97	一般
5~10	18549.35	13.23	6946.34	15.25	153.87	16.50	低
<5	4968.25	3.54	2356.61	5.17	39.25	4.21	较低

2. 各县(市、区)土壤有效磷含量

贵阳市各县(市、区)土壤有效磷含量见表5.10。其中，白云区土壤有效磷含量以大于30mg/kg 为主，在本区面积占比为43.06%；其次为20~30mg/kg，面积占比35.92%。观山湖区以 10~20mg/kg 为主，在本区占比为48.36%。花溪区以 10~20mg/kg 为主，在本区占比为33.56%；其次为大于30mg/kg 和20~30mg/kg，分别占比23.73%和22.88%。开阳县以 10~20mg/kg 为主，在本县占比为48.20%；其次为20~30mg/kg，占比30.73%。南明区以大于30mg/kg 为主，在本区占比为58.01%；其次为10~20mg/kg，占比27.59%。清镇市以 10~20mg/kg 为主，在本市占比为53.83%。乌当区以大于30mg/kg 为主，在本区占比为30.61%；其次为10~20mg/kg，占比29.90%。息烽县以 10~20mg/kg 为主，在本县占比为43.42%。修文县以 10~20mg/kg 为主，在本县占比为43.80%；其次为20~30mg/kg，占比31.36%。云岩区以 20~30mg/kg 为主，在本区占比为64.88%。

贵阳市各县(市、区)土壤有效磷含量大多处于一般状态。对有效磷含量在 10mg/kg 以上的各县(市、区)进行比较，其面积占比从高到低的顺序为：南明区(100.00%)>云岩区(99.56%)>白云区(97.53%)>开阳县(89.10%)>修文县(85.80%)>观山湖区(82.29%)>花溪区(80.17%)>息烽县(77.48%)>乌当区(75.77%)>清镇市(74.58%)。

表 5.10 贵阳市各县(市、区)土壤有效磷含量分级统计表

县(市、区)	<5mg/kg(较低) 面积/hm²	占比/%	5~10mg/kg(低) 面积/hm²	占比/%	10~20mg/kg(一般) 面积/hm²	占比/%	20~30mg/kg(较丰富) 面积/hm²	占比/%	>30mg/kg(丰富) 面积/hm²	占比/%
白云区	1.58	0.04	92.83	2.43	709.90	18.55	1374.49	35.92	1647.96	43.06
观山湖区	179.15	5.35	414.09	12.36	1620.00	48.36	601.75	17.96	534.84	15.97
花溪区	2289.16	9.12	2689.18	10.71	8424.26	33.56	5743.02	22.88	5956.09	23.73
开阳县	689.75	1.27	5241.03	9.64	26199.20	48.20	16702.39	30.73	5526.33	10.17
南明区	—	—	—	—	418.31	27.59	218.33	14.40	879.72	58.01
清镇市	2071.73	5.27	7915.57	20.15	21148.86	53.83	5032.37	12.81	3119.76	7.94
乌当区	227.25	2.35	2114.97	21.88	2890.24	29.90	1475.34	15.26	2959.53	30.61
息烽县	1348.51	5.35	4331.27	17.18	10946.12	43.42	4588.38	18.20	3998.21	15.86
修文县	556.98	2.32	2848.76	11.88	10504.01	43.80	7521.52	31.36	2551.38	10.64
云岩区	—	—	1.86	0.45	100.86	24.27	269.61	64.88	43.26	10.41

3. 耕地采样点有效磷含量

根据2021年耕地质量采样点数据，贵阳市耕层土壤有效磷采样点数为397个，含量为0.50～288.20mg/kg，平均值为39.25mg/kg，标准差为45.60mg/kg，变异系数为116.18%。其中，息烽县的土壤有效磷含量平均值最高，为71.39mg/kg；白云区的土壤有效磷含量平均值最低，为7.18mg/kg（表5.11）。

表5.11 贵阳市各县（市、区）的采样点耕层土壤有效磷含量状况统计表

县（市、区）	采样点数/个	最小值/(mg/kg)	最大值/(mg/kg)	平均值/(mg/kg)	标准差/(mg/kg)	变异系数/%
白云区	11	1.35	16.74	7.18	4.62	64.31
观山湖区	14	0.50	33.57	9.79	9.52	97.30
花溪区	56	2.00	288.20	58.73	63.30	107.78
开阳县	102	1.70	216.00	31.93	34.52	108.12
南明区	1	67.20	67.20	67.20	—	—
清镇市	73	0.90	136.50	23.11	21.14	91.50
乌当区	27	1.60	144.80	44.04	37.81	85.84
息烽县	50	5.10	266.00	71.39	60.57	84.85
修文县	63	1.90	176.80	36.65	42.04	114.70

4. 土壤有效磷年度变化趋势

根据2019—2021年的数据统计，2019—2020年旱地中土壤有效磷含量在5～10mg/kg、小于5mg/kg以及大于30mg/kg范围内变化较大，比例变化分别为-1.69%、-0.99%和0.94%。2019—2020年水田中土壤有效磷含量在10～20mg/kg、大于30mg/kg和小于5mg/kg范围内变化较大，比例变化分别为0.36%、-0.19%和-0.15%。2019—2020年水浇地中土壤有效磷含量在10～20mg/kg、20～30mg/kg和大于30mg/kg范围内变化较大，比例变化分别为3.04%、-1.27%和-2.14%（表5.12）。

表5.12 贵阳市2019—2021年不同土地利用方式下土壤有效磷变化统计表

含量范围/(mg/kg)	年份	旱地 面积/hm²	旱地 占比/%	水田 面积/hm²	水田 占比/%	水浇地 面积/hm²	水浇地 占比/%
>30	2019	21219.82	14.79	5332.47	11.43	87.51	9.96
>30	2020	22268.00	15.73	5171.86	11.24	70.30	7.82
>30	2021	22062.05	15.73	5078.91	11.15	76.11	8.16
20～30	2019	33189.02	23.13	7931.97	17.00	210.30	23.94
20～30	2020	36093.87	25.49	7755.94	16.86	203.79	22.67
20～30	2021	35650.69	25.42	7660.51	16.81	216.00	23.16

续表

含量范围/(mg/kg)	年份	旱地 面积/hm²	占比/%	水田 面积/hm²	占比/%	水浇地 面积/hm²	占比/%
10～20	2019	61201.27	42.66	23878.86	51.16	400.46	45.60
	2020	59542.81	42.05	23697.60	51.52	437.26	48.64
	2021	58993.96	42.07	23520.39	51.62	447.39	47.97
5～10	2019	21367.99	14.89	7048.71	15.10	140.35	15.98
	2020	18698.73	13.20	6996.03	15.21	148.30	16.50
	2021	18549.36	13.23	6946.34	15.25	153.87	16.50
<5	2019	6481.06	4.52	2478.75	5.31	39.68	4.52
	2020	5002.14	3.53	2373.36	5.16	39.30	4.37
	2021	4968.26	3.54	2356.61	5.17	39.25	4.21

5.1.4 土壤速效钾

钾是作物生长发育过程中必需的营养元素之一，也是土壤中含量最高的矿质营养元素，土壤钾按照植物营养有效性可以分为无效钾、缓效钾和速效钾。速效钾是指土壤中易被作物吸收利用的钾素，土壤速效钾的含量是衡量土壤钾素养分供应能力的直接指标，它标志着目前乃至近期内可供植物吸收利用的钾的数量。因此，了解土壤速效钾的含量现状并分析其变化趋势，对科学合理进行施肥和因地制宜进行种植具有重要的指导作用。

1. 不同土地利用方式下土壤速效钾含量

旱地速效钾含量以150～200mg/kg为主，占旱地总面积的36.46%；其次为100～150mg/kg和大于200mg/kg，分别占29.89%和28.22%；旱地速效钾较丰富以上含量占比为64.68%。水田速效钾含量以150～200mg/kg和100～150mg/kg为主，分别占水田总面积的34.84%和32.81%；其次为大于200mg/kg，占24.78%；水田速效钾较丰富及以上含量占比为59.62%。水浇地速效钾含量以150～200mg/kg为主，占水浇地总面积的47.22%；其次为大于200mg/kg，占26.03%；水浇地速效钾较丰富及以上含量占比为73.25%（表5.13）。

表5.13 不同土地利用方式下土壤速效钾含量分级统计表

含量范围/(mg/kg)	旱地 面积/hm²	占比/%	水田 面积/hm²	占比/%	水浇地 面积/hm²	占比/%	含量等级
>200	39568.79	28.22	11293.74	24.78	242.78	26.03	丰富
150～200	51121.28	36.46	15874.48	34.84	440.37	47.22	较丰富
100～150	41918.73	29.89	14947.79	32.81	186.09	19.95	一般
50～100	7445.24	5.31	3366.49	7.39	63.39	6.80	低
<50	170.27	0.12	80.26	0.18	—	—	较低

2. 各县(市、区)土壤速效钾含量

贵阳市各县(市、区)土壤速效钾含量见表5.14。其中,白云区土壤速效钾含量以100~150mg/kg和150~200mg/kg为主,在本区占比分别为37.07%和34.91%。观山湖区以100~150mg/kg为主,在本区占比为47.97%;其次为150~200mg/kg,占比33.41%。花溪区以大于200mg/kg为主,在本区占比为51.99%。开阳县以150~200mg/kg为主,在本县占比为48.49%。南明区以大于200mg/kg为主,在本区占比为50.51%;其次为150~200mg/kg,占比43.84%。清镇市以大于200mg/kg和150~200mg/kg为主,在本市占比分别为34.27%和31.29%。乌当区以100~150mg/kg为主,在本区占比为50.84%;其次为150~200mg/kg,占比35.35%。息烽县以100~150mg/kg为主,在本区占比为33.81%;其次为150~200mg/kg,占比29.53%。修文县以100~150mg/kg为主,在本区占比为40.48%;其次为150~200mg/kg,占比33.18%。云岩区以150~200mg/kg为主,在本区占比为83.41%。

贵阳市各县(市、区)土壤速效钾基本以一般以上状态为主。对速效钾含量在100 mg/kg以上的各县(市、区)进行比较,其面积占比从高到低的顺序为:南明区、云岩区(100.00%)>乌当区(99.68%)>开阳县(97.71%)>白云区(97.12%)>清镇市(94.83%)>花溪区(94.40%)>观山湖区(93.63%)>修文县(90.57%)>息烽县(84.83%)。

表5.14 贵阳市各县(市、区)土壤速效钾含量分级统计表

县 (市、区)	<50mg/kg (较低)		50~100mg/kg (低)		100~150mg/kg (一般)		150~200mg/kg (较丰富)		>200mg/kg (丰富)	
	面积/hm²	占比/%	面积/hm²	占比/%	面积/hm²	占比/%	面积/hm²	占比/%	面积/hm²	占比/%
白云区	—	—	110.31	2.88	1418.48	37.07	1335.92	34.91	962.05	25.14
观山湖区	0.23	0.01	213.36	6.37	1606.78	47.97	1119.10	33.41	410.35	12.25
花溪区	5.84	0.02	1398.74	5.57	4149.74	16.53	6497.04	25.88	13050.36	51.99
开阳县	1.91	0.00	1242.68	2.29	15078.77	27.74	26360.66	48.49	11674.66	21.48
南明区	—	—	—	—	85.67	5.65	664.76	43.84	765.94	50.51
清镇市	2.45	0.01	2029.38	5.17	11499.01	29.27	12293.98	31.29	13463.47	34.27
乌当区	—	—	31.18	0.32	4915.00	50.84	3417.23	35.35	1303.92	13.49
息烽县	163.32	0.65	3662.55	14.53	8523.47	33.81	7444.43	29.53	5418.73	21.49
修文县	76.78	0.32	2186.92	9.12	9707.63	40.48	7956.38	33.18	4054.94	16.91
云岩区	—	—	—	—	68.05	16.38	346.64	83.41	0.89	0.21

3. 耕地采样点速效钾含量

根据2021年耕地质量采样点数据,贵阳市耕层土壤速效钾采样点数有397个,含量为34~600mg/kg,平均值为164.28mg/kg,标准差为99.66mg/kg,变异系数为60.67%。其中观山湖区的土壤速效钾含量平均值最低,为142.19mg/kg(表5.15)。

表 5.15 贵阳市各县(市、区)的采样点耕层土壤速效钾含量状况统计表

县（市、区）	采样点数/个	最小值/(mg/kg)	最大值/(mg/kg)	平均值/(mg/kg)	标准差/(mg/kg)	变异系数/%
白云区	11	95.80	309.00	149.30	60.76	40.69
观山湖区	14	50.35	312.00	142.19	73.95	52.01
花溪区	56	34.00	577.00	160.50	114.90	71.59
开阳县	102	34.00	475.00	147.26	87.99	59.75
南明区	1	403.00	403.00	403.00	—	—
清镇市	73	40.00	600.00	187.86	123.48	65.73
乌当区	27	57.00	495.00	163.37	108.62	66.49
息烽县	50	36.90	504.00	180.01	96.28	53.48
修文县	63	50.00	335.00	159.52	70.45	44.16

4. 土壤速效钾年度变化趋势

根据 2019—2021 年数据统计，2019—2020 年旱地中土壤速效钾含量在 150～200mg/kg、50～100mg/kg 以及 100～150mg/kg 范围内变化较大，比例变化分别为 1.16%、-0.53%和-0.53%。2019—2020 年水田中土壤速效钾含量在 100～150mg/kg、大于 200mg/kg 以及 50～100mg/kg 范围内变化较大，比例变化分别为 0.82%、-0.61%和-0.18%。2019—2020 年水浇地中土壤速效钾含量在大于 200mg/kg 和 150～200mg/kg 范围内变化最大，比例变化分别为-8.57%和 9.23%(表 5.16)。

表 5.16 2019—2021 年不同土地利用方式下土壤速效钾变化统计表

含量范围/(mg/kg)	年份	旱地 面积/hm²	旱地 占比/%	水田 面积/hm²	水田 占比/%	水浇地 面积/hm²	水浇地 占比/%
>200	2019	40582.41	28.29	11884.41	25.46	308.09	35.08
>200	2020	39992.18	28.24	11431.15	24.85	238.33	26.51
>200	2021	39568.79	28.22	11293.74	24.79	242.78	26.03
150～200	2019	50622.72	35.29	16193.41	34.70	322.35	36.70
150～200	2020	51612.11	36.45	15994.42	34.77	412.93	45.93
150～200	2021	51121.28	36.46	15874.48	34.84	440.37	47.22
100～150	2019	43620.89	30.41	14925.20	31.98	183.11	20.85
100～150	2020	42317.65	29.88	15085.50	32.80	184.17	20.49
100～150	2021	41918.73	29.89	14947.79	32.81	186.09	19.95
50～100	2019	8381.19	5.84	3536.21	7.58	64.75	7.37
50～100	2020	7511.00	5.31	3402.92	7.40	63.52	7.07
50～100	2021	7445.24	5.31	3366.49	7.38	63.39	6.80
<50	2019	251.95	0.17	131.54	0.28	—	—
<50	2020	172.60	0.12	80.80	0.18	—	—
<50	2021	170.27	0.12	80.26	0.18	—	—

5.1.5 土壤pH

土壤酸碱度是土壤的重要性质，通常以pH表示，是影响土壤养分有效性的主要因素之一，它对土壤中养分存在的形态和有效性、土壤的理化性质、微生物活动以及植物生长发育均有很大影响。在自然条件下，土壤pH主要受土壤盐基状况支配，而土壤盐基状况决定于淋溶过程和复盐基过程的相对强度，土壤pH由母质、生物、气候以及人为作用等多因素控制。适宜的土壤pH是作物及其共生土壤微生物正常生长的前提条件。若土壤酸性过强，会严重干扰作物营养物质相关的土壤生化过程，影响土壤对作物营养元素的足量供应，降低作物产量和品质。客观地了解土壤pH的现状及变化规律，可以为调控土壤pH及土壤资源的利用管理提供依据。一般根据土壤pH将土壤酸碱性划分为6个等级：pH>8.5为碱性，pH 7.5~8.5为微碱性，pH 6.5~7.5为中性，pH 5.5~6.5为微酸性，pH 4.5~5.5为酸性，pH<4.5为强酸性。

1. 不同土地利用方式下土壤pH

贵阳市旱地、水田和水浇地三种土地利用方式中，旱地pH以7.5~8.5和5.5~6.5为主，分别占旱地总面积的39.76%和38.53%。水田pH以5.5~6.5为主，占水田总面积的49.90%；其次为7.5~8.5，占23.41%。水浇地pH以7.5~8.5和5.5~6.5为主，分别占水浇地总面积的37.73%和35.93%。综合来看，贵阳市土壤以微酸性和微碱性土为主(表5.17)。

表5.17 不同土地利用方式下土壤pH分级统计表

pH范围	旱地 面积/hm²	占比/%	水田 面积/hm²	占比/%	水浇地 面积/hm²	占比/%	含量等级
>8.5	3.50	0.00	2.03	0.00	—	—	碱性
7.5~8.5	55753.22	39.76	10666.95	23.41	351.85	37.73	微碱性
6.5~7.5	13053.62	9.31	7611.19	16.70	165.19	17.71	中性
5.5~6.5	54031.98	38.53	22734.15	49.90	335.12	35.93	微酸性
4.5~5.5	17295.97	12.33	4386.55	9.63	80.46	8.63	酸性
<4.5	86.02	0.07	161.90	0.36	—	—	强酸性

2. 各县(市、区)土壤pH

贵阳市各县(市、区)土壤pH主要分布在5.5~6.5和7.5~8.5区间(表5.18)。其中，白云区土壤pH以7.5~8.5为主，在本区占比为46.07%；其次为5.5~6.5，占比38.84%。观山湖区土壤pH以5.5~6.5为主，在本区占比为34.82%；其次为7.5~8.5，占27.80%。花溪区土壤pH以7.5~8.5为主，在本区占比为46.78%；其次为5.5~6.5，占比30.70%。开阳县土壤pH以5.5~6.5为主，在本县占比为59.69%。南明区土壤pH以7.5~8.5为主，在本区占比为66.39%。清镇市土壤pH以5.5~6.5为主，在本市占比为39.51%；其次为

7.5~8.5，占比 34.71%。乌当区土壤 pH 以 5.5~6.5 为主，在本区占比为 43.64%；其次为 7.5~8.5，占比 25.12%。息烽县土壤 pH 以 7.5~8.5 为主，在本县占比为 67.87%。修文县土壤 pH 以 5.5~6.5 为主，在本县占比为 40.94%；其次为 7.5~8.5，占比 38.70%。云岩区土壤 pH 以 7.5~8.5 为主，在本区占比为 57.55%；其次为 5.5~6.5，占比 25.11%。

表 5.18 贵阳市各县(市、区)土壤 pH 分级统计表

县(市、区)	<4.5 面积/hm²	<4.5 占比/%	4.5~5.5 面积/hm²	4.5~5.5 占比/%	5.5~6.5 面积/hm²	5.5~6.5 占比/%	6.5~7.5 面积/hm²	6.5~7.5 占比/%	7.5~8.5 面积/hm²	7.5~8.5 占比/%	>8.5 面积/hm²	>8.5 占比/%
白云区	5.86	0.15	243.15	6.35	1486.32	38.84	328.65	8.59	1762.78	46.07	—	—
观山湖区	0.89	0.03	361.96	10.81	1166.27	34.82	889.84	26.56	930.87	27.80	—	—
花溪区	134.89	0.54	2167.74	8.64	7707.30	30.70	3343.48	13.32	11742.78	46.78	5.53	0.02
开阳县	35.83	0.07	7568.56	13.92	32448.55	59.69	5674.08	10.44	8631.67	15.88	—	—
南明区	—	—	204.98	13.52	226.44	14.93	78.19	5.16	1006.76	66.39	—	—
清镇市	8.70	0.02	5102.73	12.99	15521.82	39.51	5019.94	12.78	13635.10	34.71	—	—
乌当区	15.23	0.16	2260.67	23.38	4218.82	43.64	742.75	7.68	2429.87	25.12	—	—
息烽县	39.55	0.16	1654.78	6.56	4403.19	17.46	2003.50	7.95	17111.48	67.87	—	—
修文县	6.98	0.03	2166.23	9.03	9818.19	40.94	2709.69	11.30	9281.54	38.70	—	—
云岩区	—	—	32.18	7.74	104.34	25.11	39.88	9.60	239.19	57.55	—	—

3. 耕地采样点 pH

根据 2021 年耕地质量采样点数据，贵阳市耕层土壤 pH 采样点数有 397 个，pH 范围在 4.50~8.33，平均值为 6.39，标准差为 0.99，变异系数为 15.47%。其中，开阳县的土壤 pH 平均值最高，为 6.70；乌当区的土壤 pH 平均值最低，为 5.70(表 5.19)。

表 5.19 贵阳市各县(市、区)的采样点耕层土壤 pH 状况统计表

县(市、区)	采样点数/个	最小值	最大值	平均值	标准差	变异系数/%
白云区	11	4.96	7.85	6.03	0.87	14.51
观山湖区	14	4.59	8.15	6.55	1.17	17.92
花溪区	56	5.17	8.08	6.51	0.90	13.86
开阳县	102	4.50	8.33	6.70	1.13	16.79
南明区	1	6.18	6.18	6.18	—	—
清镇市	73	5.07	8.12	6.51	0.75	11.45
乌当区	27	4.50	6.70	5.70	0.60	10.53
息烽县	50	4.54	8.25	6.06	1.16	19.10
修文县	63	4.54	7.77	6.20	0.79	12.80

4. 土壤 pH 年度变化趋势

根据 2019—2021 年数据统计，2019—2020 年旱地中土壤 pH 在 7.5～8.5、6.5～7.5、4.5～5.5 和 5.5～6.5 这几个区间变化较大，比例变化分别为 0.40%、-0.36%、-0.32%和 0.30%。2019—2020 年水田中土壤 pH 在 5.5～6.5 和 4.5～5.5 范围内变化较大，比例变化分别为 0.17%和-0.13%。水浇地土壤 pH 为 7.5～8.5 时，以 2019—2020 年变化最大，比例变化为-0.32%；水浇地土壤 pH 为 6.5～7.5 时，在 2019—2021 年皆有较大变化，2019—2020 年比例变化为-0.45%，2020—2021 年比例变化为-0.53%。水浇地土壤 pH 为 5.5～6.5 时，在 2019—2021 年变化较大，比例变化为 1.49%（表 5.20）。

表 5.20 2019—2021 年不同土地利用方式下土壤 pH 变化统计表

pH 范围	年份	旱地 面积/hm²	占比/%	水田 面积/hm²	占比/%	水浇地 面积/hm²	占比/%
>8.5	2019	3.49	0.00	2.03	0.00	—	—
	2020	3.50	0.00	2.03	0.00	—	—
	2021	3.50	0.00	2.03	0.00	—	—
7.5～8.5	2019	56457.41	39.35	10952.38	23.47	332.43	37.85
	2020	56289.49	39.75	10763.39	23.40	337.42	37.53
	2021	55753.22	39.76	10666.95	23.41	351.85	37.73
6.5～7.5	2019	13913.08	9.70	7817.60	16.75	164.14	18.69
	2020	13224.65	9.34	7716.13	16.78	163.96	18.24
	2021	13053.62	9.31	7611.19	16.70	165.19	17.71
5.5～6.5	2019	54848.19	38.23	23185.62	49.68	302.45	34.44
	2020	54559.77	38.53	22929.73	49.85	319.62	35.55
	2021	54031.98	38.53	22734.15	49.90	335.12	35.93
4.5～5.5	2019	18130.55	12.64	4545.96	9.74	79.28	9.02
	2020	17441.92	12.32	4421.22	9.61	77.96	8.68
	2021	17295.97	12.33	4386.55	9.63	80.46	8.63
<4.5	2019	106.45	0.08	167.18	0.36	—	—
	2020	86.23	0.06	162.29	0.36	—	—
	2021	86.02	0.07	161.90	0.36	—	—

5.2 立地条件

5.2.1 地形部位

1. 不同土地利用方式下地形部位分布

贵阳市的旱地地形部位分布以丘陵中部和山地坡中为主，分别占旱地总面积的

39.86%和33.43%。水田地形部位分布以山地坡中、丘陵下部和丘陵中部为主，依次占水田总面积的28.64%、26.35%和24.99%。水浇地以丘陵下部为主，占水浇地总面积的60.93%，其次为山地坡下，占23.21%（表5.21）。

表5.21 不同土地利用方式下地形部位分布统计表

地形部位	旱地 面积/hm²	旱地 占比/%	水田 面积/hm²	水田 占比/%	水浇地 面积/hm²	水浇地 占比/%
丘陵上部	3095.90	2.21	27.31	0.06	2.07	0.22
丘陵中部	55895.27	39.86	11387.33	24.99	107.38	11.51
丘陵下部	20012.55	14.27	12005.25	26.35	568.22	60.93
山地坡上	1647.30	1.17	30.39	0.07	0.13	0.01
山地坡中	46874.54	33.43	13050.80	28.64	38.34	4.12
山地坡下	12695.92	9.06	7801.09	17.12	216.50	23.21
山间盆地	2.83	0.00	1260.60	2.77	—	—

2. 各县（市、区）地形部位分布

贵阳市各县（市、区）地形部位分布以丘陵中部和山地坡中为主（表5.22）。其中，白云区地形部位分布以丘陵中部和丘陵下部为主，在本区占比分别为47.03%和42.63%。观山湖区地形部位分布以山地坡中为主，在本区占比为46.05%；其次为丘陵中部，占比22.33%。花溪区地形部位分布以丘陵中部为主，在本区占比为39.84%；其次为丘陵下部，占比24.52%。开阳县地形部位分布以山地坡中为主，在本县占比为48.08%；其次为丘陵中部，占比24.26%。南明区地形部位分布以丘陵中部为主，在本区占比为38.22%；其次为丘陵下部，占比26.67%。清镇市地形部位分布以丘陵中部为主，在本市占比为43.08%；其次为山地坡中，占比31.71%。乌当区地形部位分布以山地坡中为主，在本区占比为45.15%；其次为丘陵中部，占比25.02%。息烽县地形部位分布以丘陵中部为主，在本县占比为55.76%；其次为山地坡中，占比23.06%。修文县地形部位分布以丘陵中部为主，在本县占比为31.23%；其次为丘陵下部和山地坡中，依次占26.89%和24.45%。云岩区地形部位分布以丘陵中部为主，在本区占比为43.81%；其次为山地坡中，占比25.58%。

表5.22 贵阳市各县（市、区）地形部位分布统计表

县（市、区）	丘陵上部 面积/hm²	丘陵上部 占比/%	丘陵下部 面积/hm²	丘陵下部 占比/%	丘陵中部 面积/hm²	丘陵中部 占比/%	山地坡上 面积/hm²	山地坡上 占比/%	山地坡下 面积/hm²	山地坡下 占比/%	山地坡中 面积/hm²	山地坡中 占比/%	山间盆地 面积/hm²	山间盆地 占比/%
白云区	53.13	1.39	1631.42	42.63	1799.68	47.03	2.75	0.07	86.50	2.26	253.27	6.62	—	—
观山湖区	24.54	0.73	377.55	11.27	747.95	22.33	22.14	0.66	635.29	18.96	1542.36	46.05	—	—
花溪区	858.78	3.42	6154.91	24.52	9999.79	39.84	100.59	0.40	3641.54	14.51	3210.98	12.79	1135.13	4.52
开阳县	534.50	0.98	5861.43	10.78	13187.12	24.26	857.00	1.58	7783.84	14.32	26134.80	48.08	—	—

续表

县(市、区)	丘陵上部 面积/hm²	占比/%	丘陵下部 面积/hm²	占比/%	丘陵中部 面积/hm²	占比/%	山地坡上 面积/hm²	占比/%	山地坡下 面积/hm²	占比/%	山地坡中 面积/hm²	占比/%	山间盆地 面积/hm²	占比/%
南明区	17.39	1.15	404.46	26.67	579.61	38.22	6.26	0.41	284.34	18.75	221.51	14.61	2.79	0.19
清镇市	217.47	0.55	7367.39	18.75	16926.42	43.08	191.03	0.49	2131.10	5.42	12454.06	31.71	0.82	0.00
乌当区	62.62	0.65	1467.97	15.18	2418.73	25.02	119.93	1.24	1210.87	12.53	4364.66	45.15	22.55	0.23
息烽县	519.34	2.06	2805.47	11.13	14059.25	55.76	279.17	1.11	1634.99	6.48	5813.18	23.06	101.09	0.40
修文县	813.05	3.39	6449.63	26.89	7489.36	31.23	90.25	0.38	3276.73	13.66	5862.56	24.45	1.06	0.00
云岩区	24.44	5.88	65.78	15.83	182.06	43.81	8.70	2.09	28.32	6.81	106.29	25.58	—	—

5.2.2 耕地坡度级

1. 不同土地利用方式下耕地坡度分布

贵阳市旱地坡度主要分布在 6°～15°，占旱地总面积的 54.25%；其次分布在 15°～25°，占 26.56%。水田主要分布在 6°～15°，占水田总面积的 50.19%；其次分布在 2°～6°，占 29.25%。水浇地主要分布在 2°～6°，占水浇地总面积的 57.33%，其次分布在 2°及以下，占 28.26%（表 5.23）。

表 5.23 不同土地利用方式下耕地坡度分布统计表

耕地坡度	旱地 面积/hm²	占比/%	水田 面积/hm²	占比/%	水浇地 面积/hm²	占比/%
>25°	9055.88	6.46	925.81	2.03	1.16	0.12
15°～25°	37238.70	26.56	4399.13	9.66	4.08	0.45
6°～15°	76074.88	54.25	22869.80	50.19	129.12	13.84
2°～6°	14786.89	10.55	13328.83	29.25	534.71	57.33
≤2°	3067.96	2.18	4039.19	8.87	263.56	28.26

2. 各县(市、区)耕地坡度分布

贵阳市各县(市、区)耕地坡度主要分布在 6°～15°(表 5.24)。其中，白云区主要分布在 6°～15°，在本区占比为 44.35%；其次分布在 2°～6°，占 29.59%。观山湖区主要分布在 6°～15°，在本区占比为 52.32%；其次分布在 2°～6°，占 21.73%。花溪区主要分布在 6°～15°，在本区占比为 52.24%；其次分布在 2°～6°，占 23.64%。开阳县主要分布在 6°～15°，在本县占比为 49.73%；其次分布在 15°～25°，占 29.44%。南明区主要分布在 6°～15°，在本区占比为 48.66%；其次分布在 2°～6°，占 24.50%。清镇市主要分布在 6°～15°，在本市占比为 55.80%；其次分布在 15°～25°，占 20.15%。乌当区主要分布在 6°～15°，在本区占比为 53.71%；其次分布在 15°～25°，占 19.59%。息烽县主要分布在 6°～15°，在本县占比为57.72%；其次分布在15°~25°，占26.26%。修文县主要分布在6°~15°，在本县占比为53.70%；其次分布在2°~6°，占20.15%。云岩区主要分布在6°~15°，在本区占比为46.59%；其次分布在15°~25°，占27.08%。

表5.24 贵阳市各县(市、区)耕地坡度分布统计表

县(市、区)	≤2° 面积/hm²	占比/%	2°~6° 面积/hm²	占比/%	6°~15° 面积/hm²	占比/%	15°~25° 面积/hm²	占比/%	>25° 面积/hm²	占比/%
白云区	515.82	13.48	1132.32	29.59	1697.18	44.35	419.19	10.95	62.26	1.63
观山湖区	225.07	6.72	727.98	21.73	1752.67	52.32	517.33	15.44	126.78	3.78
花溪区	1685.08	6.71	5933.26	23.64	13112.24	52.24	3697.78	14.73	673.35	2.68
开阳县	988.51	1.82	5035.08	9.26	27033.76	49.73	16005.17	29.44	5296.18	9.74
南明区	134.39	8.86	371.57	24.50	737.90	48.66	217.44	14.34	55.06	3.63
清镇市	1622.79	4.13	6489.06	16.52	21921.13	55.80	7918.27	20.15	1337.04	3.40
乌当区	362.23	3.75	1797.96	18.60	5192.01	53.71	1893.90	19.59	421.23	4.36
息烽县	608.57	2.41	2279.70	9.04	14553.81	57.72	6620.36	26.26	1150.06	4.56
修文县	1214.83	5.07	4832.82	20.15	12879.48	53.70	4239.93	17.68	815.58	3.40
云岩区	13.43	3.23	50.69	12.20	193.61	46.59	112.53	27.08	45.31	10.90

5.2.3 海拔

1. 不同土地利用方式下海拔分布

贵阳市的旱地海拔分布以1200~1300m为主，占旱地总面积的32.28%；其次为1300~1400m、1100~1200m和1000~1100m，依次占旱地总面积的18.51%、16.02%和14.30%。水田以1200~1300m为主，占水田总面积的32.36%；其次为1100~1200m、1000~1100m和1300~1400m，依次占水田总面积的18.30%、16.89%和14.13%。水浇地以1200~1300m为主，占水浇地总面积的50.63%，其次为1100~1200m，占20.16%(表5.25)。

表5.25 不同土地利用方式下海拔分布统计表

海拔/m	旱地 面积/hm²	占比/%	水田 面积/hm²	占比/%	水浇地 面积/hm²	占比/%
>1500	975.33	0.70	437.18	0.96	—	—
1400~1500	4094.67	2.92	1194.76	2.62	3.99	0.43
1300~1400	25959.76	18.51	6437.24	14.13	45.16	4.84
1200~1300	45266.21	32.28	14742.52	32.36	509.48	50.63
1100~1200	22457.36	16.02	8338.58	18.30	188.01	20.16
1000~1100	20058.07	14.30	7693.45	16.89	46.04	4.94
900~1000	14177.68	10.11	4280.64	9.40	36.77	3.94
<900	7235.22	5.16	2438.40	5.34	103.18	11.06

2. 各县(市、区)海拔分布

贵阳市各县(市、区)耕地海拔分布见表5.26。其中，白云区主要分布于1200～1300m和1300～1400m，在本区占比分别为53.89%和41.29%。观山湖区主要分布在1200～1300m，在本区占比为72.27%。花溪区主要分布在1200～1300m，在本区占比为38.13%；其次分布在1100～1200m，占28.35%。开阳县主要分布在1000～1100m和900～1000m，在本县占比分别为25.58%和22.54%；其次分布在1100～1200m，占18.21%。南明区主要分布在1100～1200m，在本区占比为64.27%。清镇市主要分布在1200～1300m，在本市占比为59.02%；其次分布在1300～1400m，占25.41%。乌当区主要分布在1200～1300m和1300～1400m，在本区占比分别为36.89%和30.82%。息烽县主要分布在1000～1100m和900～1000m，在本县占比分别为24.84%和21.88%。修文县主要分布在1300～1400m和1200～1300m，在本县占比分别为37.70%和34.54%。云岩区主要分布在1200～1300m，在本区占比为61.08%；其次分布在1100～1200m，占34.72%。

表5.26 各县(市、区)海拔分布统计表

县(市、区)	<900m 面积/hm²	占比/%	900～1000m 面积/hm²	占比/%	1000～1100m 面积/hm²	占比/%	1100～1200m 面积/hm²	占比/%	1200～1300m 面积/hm²	占比/%	1300～1400m 面积/hm²	占比/%	1400～1500m 面积/hm²	占比/%	>1500m 面积/hm²	占比/%
白云区	—	—	—	—	—	—	43.13	1.13	2062.08	53.89	1579.97	41.29	121.93	3.19	19.65	0.50
观山湖区	—	—	—	—	—	—	357.32	10.67	2420.79	72.27	568.35	16.97	3.07	0.08	0.30	0.01
花溪区	—	—	—	—	4105.53	16.36	7117.43	28.35	9570.93	38.13	2365.81	9.42	1366.42	5.45	575.60	2.29
开阳县	6692.81	12.31	12252.84	22.54	13902.99	25.58	9897.23	18.21	7025.03	12.92	3677.08	6.76	908.39	1.68	2.32	0.00
南明区	—	—	—	—	327.53	21.60	974.60	64.27	213.20	14.06	1.04	0.07	—	—	—	—
清镇市	48.56	0.12	164.15	0.42	555.73	1.41	3670.25	9.34	23189.19	59.02	9982.45	25.41	1462.07	3.72	215.90	0.56
乌当区	—	—	132.53	1.37	1186.33	12.27	1586.07	16.41	3566.07	36.89	2979.69	30.82	211.50	2.19	5.15	0.05
息烽县	2868.53	11.38	5515.33	21.88	6263.39	24.84	3192.52	12.66	3932.84	15.60	2236.33	8.87	610.76	2.42	592.80	2.35
修文县	166.90	0.70	430.24	1.79	1449.32	6.04	4001.10	16.68	8284.27	34.54	9040.72	37.70	609.29	2.55	0.79	0.00
云岩区	—	—	—	—	6.73	1.62	144.29	34.72	253.82	61.08	10.74	2.58	—	—	—	—

5.2.4 灌溉能力

1. 不同土地利用方式下灌溉能力分布

贵阳市的旱地灌溉能力基本为不满足状态，占旱地总面积的99.20%。水田灌溉能力以充分满足状态为主，占水田总面积的61.90%；其次为满足状态，占水田总面积的30.11%。水浇地灌溉能力以基本满足状态为主，占水浇地总面积的87.48%(表5.27)。

表 5.27 不同土地利用方式下地形部位分布统计表

灌溉能力	旱地		水田		水浇地	
	面积/hm²	占比/%	面积/hm²	占比/%	面积/hm²	占比/%
充分满足	41.58	0.03	28203.47	61.90	9.40	1.01
满足	1063.05	0.76	13716.83	30.11	47.49	5.09
基本满足	12.22	0.01	3632.03	7.97	815.86	87.48
不满足	139107.48	99.20	10.42	0.02	59.87	6.42

2. 各县(市、区)灌溉能力分布

贵阳市各县(市、区)灌溉能力分布见表5.28。其中,白云区灌溉能力以不满足状态为主,在本区占比为63.15%;其次为充分满足,占26.65%。观山湖区灌溉能力以不满足状态为主,在本区占比为71.70%。花溪区灌溉能力以不满足状态为主,在本区占比为62.79%;其次为充分满足,占27.28%。开阳县灌溉能力以不满足状态为主,在本区占比为74.26%;其次为充分满足,占21.38%。南明区灌溉能力以不满足状态为主,在本区占比为77.14%。清镇市灌溉能力以不满足状态为主,在本市占比为80.15%。乌当区灌溉能力以不满足状态为主,在本区占比为63.46%;其次为满足,占18.99%。息烽县灌溉能力以不满足状态为主,在本县占比为79.79%。修文县灌溉能力以不满足状态为主,在本县占比为78.97%。云岩区灌溉能力以不满足状态为主,在本区占比为91.84%。

表 5.28 贵阳市各县(市、区)灌溉能力分布统计表

县(市、区)	不满足		基本满足		满足		充分满足	
	面积/hm²	占比/%	面积/hm²	占比/%	面积/hm²	占比/%	面积/hm²	占比/%
白云区	2416.43	63.15	120.95	3.15	269.66	7.05	1019.72	26.65
观山湖区	2401.83	71.70	233.72	6.98	469.76	14.02	244.53	7.30
花溪区	15761.27	62.79	242.15	0.96	2249.59	8.97	6848.71	27.28
开阳县	40365.77	74.26	887.40	1.63	1483.71	2.73	11621.81	21.38
南明区	1169.78	77.14	62.11	4.10	75.30	4.97	209.17	13.79
清镇市	31490.08	80.15	1440.27	3.66	3908.09	9.95	2449.85	6.24
乌当区	6134.86	63.46	719.64	7.44	1836.05	18.99	976.78	10.11
息烽县	20118.08	79.79	260.78	1.03	2067.23	8.21	2766.40	10.97
修文县	18938.00	78.97	477.90	1.99	2451.80	10.22	2114.94	8.82
云岩区	381.65	91.84	15.18	3.65	16.21	3.90	2.54	0.61

5.2.5 抗旱能力

1. 不同土地利用方式下抗旱能力分布

贵阳市的旱地抗旱能力以15~20天和20~25天为主,占比分别为34.88%和31.02%;

水田抗旱能力以 25 天以上为主，占比为 83.05%；水浇地抗旱能力以 20~25 天、15~20 天以及 25 天以上为主，占比依次为 37.75%、31.15%和 27.62%（表 5.29）。

表 5.29 贵阳市不同土地利用方式下抗旱能力统计表

抗旱能力/天	旱地 面积/hm²	占比/%	水田 面积/hm²	占比/%	水浇地 面积/hm²	占比/%
>25	23673.53	16.88	37839.46	83.05	257.55	27.62
20~25	43501.26	31.02	756.88	1.66	352.04	37.75
15~20	48907.16	34.88	6463.20	14.19	290.55	31.15
10~15	13239.13	9.44	502.03	1.10	10.86	1.16
<10	10903.24	7.78	1.19	0.00	21.62	2.32

2. 各县（市、区）抗旱能力分布

贵阳市各县（市、区）抗旱能力分布见表 5.30。其中，白云区抗旱能力分别以 15~20 天、25 天以上和 20~25 天占比较大，在本区占比依次为 34.64%、32.82%和 27.40%。观山湖区抗旱能力以 15~20 天、25 天以上和 20~25 天占比较大，在本区占比依次为 34.68%、28.55%和 27.08%。花溪区抗旱能力以 25 天以上和 15~20 天占比较大，在本区占比依次为 43.23%和 40.12%。开阳县抗旱能力以 25 天以上和 20~25 天占比较大，在本县占比依次为 38.28%和 36.04%。南明区抗旱能力以 15~20 天和 25 天以上占比较大，在本区占比依次为 54.45%和 28.78%。清镇市抗旱能力以 15~20 天、25 天以上和 20~25 天占比较大，在本市占比依次为 32.57%、26.01%和 22.86%。乌当区抗旱能力以 25 天以上、20~25 天和 15~20 天占比较大，在本区占比依次为 41.89%、22.86%和 22.76%。息烽县抗旱能力以 15~20 天占比较大，在本县占比为 53.31%。修文县抗旱能力以 25 天以上、20~25 天和 15~20 天占比较大，在本县占比依次为 37.48%、26.56%和 22.80%。云岩区以 15~20 天占比最大，在本区占比为 51.65%。

表 5.30 贵阳市各县（市、区）抗旱能力分布统计表

县（市、区）	<10 天 面积/hm²	占比/%	>25 天 面积/hm²	占比/%	10~15 天 面积/hm²	占比/%	15~20 天 面积/hm²	占比/%	20~25 天 面积/hm²	占比/%
白云区	196.90	5.14	1256.07	32.82	0.00	0.00	1325.44	34.64	1048.35	27.40
观山湖区	48.05	1.43	956.33	28.55	276.87	8.26	1161.58	34.68	907.01	27.08
花溪区	829.32	3.30	10852.56	43.23	1157.47	4.61	10070.51	40.12	2191.85	8.74
开阳县	1383.48	2.55	20806.77	38.28	4418.67	8.12	8157.00	15.01	19592.76	36.04
南明区	50.70	3.34	436.38	28.78	57.58	3.80	825.72	54.45	145.99	9.63
清镇市	3156.58	8.00	10217.33	26.00	4369.44	11.10	12797.82	32.40	8747.11	22.60
乌当区	99.23	1.03	4049.62	41.89	1107.41	11.46	2200.67	22.76	2210.41	22.86

续表

县 (市、区)	<10天		>25天		10~15天		15~20天		20~25天	
	面积/hm²	占比/%	面积/hm²	占比/%	面积/hm²	占比/%	面积/hm²	占比/%	面积/hm²	占比/%
息烽县	3743.06	14.85	4119.03	16.34	596.66	2.36	13439.67	53.31	3314.07	13.14
修文县	1392.62	5.81	8988.23	37.48	1764.90	7.36	5467.84	22.80	6369.05	26.56
云岩区	26.10	6.28	88.21	21.23	3.02	0.73	214.67	51.65	83.59	20.11

5.3 土体构型

5.3.1 耕层质地

1. 不同土地利用方式下耕层质地分布

贵阳市旱地、水田、水浇地耕层质地以中壤为主，分别占旱地总面积的61.74%、占水田总面积的60.82%、占水浇地总面积的77.25%（表5.31）。

表5.31 不同土地利用方式下耕层质地分布统计表

耕层质地	旱地		水田		水浇地	
	面积/hm²	占比/%	面积/hm²	占比/%	面积/hm²	占比/%
砂土	18061.48	12.88	3.59	0.01	12.81	1.37
砂壤	12788.85	9.12	490.90	1.08	94.05	10.08
轻壤	2550.95	1.82	6320.69	13.87	59.43	6.37
中壤	86574.25	61.74	27711.20	60.82	720.48	77.25
重壤	12346.09	8.80	4143.81	9.09	24.75	2.66
黏土	7902.69	5.64	6892.58	15.13	21.10	2.27

2. 各县(市、区)耕地耕层质地分布

贵阳市各县(市、区)耕地耕层质地以中壤为主(表5.32)。白云区中壤在本区占比为67.04%，观山湖区中壤在本区占比为54.26%。花溪区中壤在本区占比为58.57%。开阳县中壤在本县占比为67.15%。南明区中壤在本区占比为74.89%。清镇市中壤在本市占比为54.26%。乌当区中壤在本区占比为42.00%。息烽县中壤在本县占比为67.93%。修文县中壤在本县占比为64.86%。云岩区中壤在本区占比为52.46%。

表 5.32 贵阳市各县(市、区)耕地耕层质地分布统计表

县(市、区)	黏土 面积/hm²	占比/%	重壤 面积/hm²	占比/%	中壤 面积/hm²	占比/%	轻壤 面积/hm²	占比/%	砂壤 面积/hm²	占比/%	砂土 面积/hm²	占比/%
白云区	221.28	5.78	266.67	6.97	2565.59	67.04	153.78	4.02	541.39	14.15	78.05	2.04
观山湖区	399.84	11.94	194.22	5.80	1817.46	54.26	217.63	6.50	291.11	8.68	429.57	12.82
花溪区	2121.67	8.45	2061.90	8.21	14701.57	58.57	1836.37	7.32	1942.90	7.74	2437.31	9.71
开阳县	4497.23	8.27	3703.51	6.81	36503.90	67.15	2174.91	4.01	2756.53	5.07	4722.61	8.69
南明区	72.10	4.75	67.48	4.45	1135.54	74.89	59.34	3.91	131.69	8.68	50.21	3.32
清镇市	4379.63	11.15	3485.84	8.87	21319.49	54.26	1458.33	3.71	2835.48	7.22	5809.51	14.79
乌当区	1437.67	14.87	815.04	8.43	4060.35	42.00	1238.94	12.82	1223.06	12.65	892.26	9.23
息烽县	396.14	1.57	4094.56	16.24	17127.70	67.93	1184.90	4.70	1039.48	4.12	1369.73	5.44
修文县	1246.49	5.20	1778.28	7.41	15556.34	64.86	589.31	2.47	2528.64	10.54	2283.59	9.52
云岩区	44.33	10.67	47.14	11.34	218.00	52.46	17.56	4.22	83.51	20.10	5.04	1.21

5.3.2 土层厚度

1. 不同土地利用方式下土层厚度分布

贵阳市旱地土层厚度主要分布在 70～90cm，占旱地总面积的 58.72%；其次分布在 50～70cm 和 90cm 以上，依次占 20.25% 和 19.68%。水田土层厚度主要分布在 90cm 以上，占水田总面积的 56.82%；其次分布在 70～90cm，占 37.32%。水浇地土层厚度主要分布在 70～90cm，占水浇地总面积的 58.94%；其次分布在 90cm 以上，占 24.30%(表 5.33)。

表 5.33 不同土地利用方式下土层厚度分布统计表

土层厚度/cm	旱地 面积/hm²	占比/%	水田 面积/hm²	占比/%	水浇地 面积/hm²	占比/%
>90	27596.22	19.68	25890.99	56.82	226.67	24.30
70～90	82342.81	58.72	17002.76	37.32	549.67	58.94
50～70	28400.49	20.25	2538.42	5.57	153.86	16.50
≤50	1884.79	1.35	130.59	0.29	2.43	0.26

2. 各县(市、区)耕地土层厚度分布

贵阳市各县(市、区)耕地土层厚度主要分布在 70～90cm，其次为 90cm 以上(表 5.34)。白云区耕地土层厚度主要分布在 70～90cm，在本区占比为 56.89%。观山湖区耕地土层厚度主要分布在 70～90cm，在本区占比为 56.73%。

表5.34 各县(市、区)耕地土层厚度分布统计表

县(市、区)	≤50cm 面积/hm²	≤50cm 占比/%	50～70cm 面积/hm²	50～70cm 占比/%	70～90cm 面积/hm²	70～90cm 占比/%	>90cm 面积/hm²	>90cm 占比/%
白云区	196.90	5.15	471.55	12.32	2177.07	56.89	981.24	25.64
观山湖区	0.39	0.01	662.25	19.77	1900.25	56.73	786.94	23.49
花溪区	107.68	0.43	2043.37	8.14	14899.66	59.36	8051.02	32.07
开阳县	452.41	0.84	11889.61	21.87	30126.13	55.42	11890.54	21.87
南明区	—	—	69.64	4.59	1018.94	67.20	427.78	28.21
清镇市	822.88	2.10	9324.39	23.73	16455.87	41.88	12685.15	32.29
乌当区	21.31	0.22	1787.75	18.49	4914.07	50.83	2944.20	30.46
息烽县	303.46	1.20	1497.45	5.95	17067.54	67.69	6344.05	25.16
修文县	112.76	0.46	3339.90	13.93	10997.38	45.86	9532.59	39.75
云岩区	—	—	6.86	1.66	338.34	81.41	70.38	16.94

5.3.3 质地构型

1. 不同土地利用方式下质地构型分布

贵阳市旱地质地构型以海绵型为主，占旱地总面积的50.26%。水田质地构型以上松下紧型为主，占水田总面积的64.48%。水浇地质地构型以海绵型为主，占水浇地总面积的63.80%(表5.35)。

表5.35 不同土地利用方式下质地构型分布统计表

质地构型	旱地 面积/hm²	旱地 占比/%	水田 面积/hm²	水田 占比/%	水浇地 面积/hm²	水浇地 占比/%
薄层型	15580.60	11.11	80.58	0.18	24.18	2.59
海绵型	70481.69	50.26	7045.90	15.46	595.03	63.80
夹层型	15376.06	10.97	662.33	1.45	96.20	10.31
紧实型	8522.59	6.08	7732.49	16.97	21.86	2.34
松散型	11215.95	8.00	530.91	1.17	9.67	1.05
上紧下松型	33.45	0.02	133.34	0.29	—	—
上松下紧型	19013.98	13.56	29377.21	64.48	185.69	19.91

2. 各县(市、区)耕地质地构型分布

贵阳市各县(市、区)耕地质地构型以海绵型为主，其次为上松下紧型(表5.36)。白云区耕地质地构型以海绵型为主，在本区占比为43.42%；其次为上松下紧型，占29.03%。

观山湖区耕地质地构型以海绵型为主,在本区占比为 38.25%;其次为上松下紧型,占 20.17%。花溪区耕地质地构型以上松下紧型为主,在本区占比为 36.85%;其次为海绵型,占 33.01%。开阳县耕地质地构型以海绵型为主,在本县占比为 38.04%;其次为上松下紧型,占 34.33%。南明区耕地质地构型以海绵型为主,在本区占比为 54.24%;其次为上松下紧型,占 24.72%。清镇市耕地质地构型以海绵型为主,在本市占比为 46.02%;其次为上松下紧型,占 12.63%。乌当区耕地质地构型以上松下紧型、海绵型和紧实型为主,在本区占比依次为 29.99%、24.97%和 20.79%。息烽县耕地质地构型以海绵型为主,在本县占比为 59.99%。修文县耕地质地构型以海绵型为主,在本县占比为 39.91%;其次为上松下紧型,占 28.29%。云岩区耕地质地构型以海绵型为主,在本区占比为 48.63%。

表 5.36 各县(市、区)耕地质地构型分布统计表

县(市、区)	薄层型 面积/hm²	占比/%	海绵型 面积/hm²	占比/%	夹层型 面积/hm²	占比/%	紧实型 面积/hm²	占比/%	松散型 面积/hm²	占比/%	上紧下松型 面积/hm²	占比/%	上松下紧型 面积/hm²	占比/%
白云区	274.95	7.18	1661.46	43.42	562.39	14.70	215.69	5.63	—	0.00	1.43	0.04	1110.84	29.03
观山湖区	311.27	9.29	1281.38	38.25	352.34	10.52	522.19	15.59	205.70	6.14	1.23	0.04	675.72	20.17
花溪区	3266.64	13.01	8286.86	33.01	2118.34	8.44	2165.62	8.63	13.92	0.06	—	0.00	9250.34	36.85
开阳县	1247.89	2.30	20675.78	38.04	4358.87	8.02	5063.15	9.30	4351.52	8.01	—	0.00	18661.48	34.33
南明区	90.76	5.99	822.45	54.24	109.65	7.23	83.97	5.54	25.52	1.68	9.15	0.60	374.85	24.72
清镇市	3623.64	9.22	18081.55	46.02	2924.12	7.45	4774.47	12.15	4923.25	12.53	—	0.00	4961.26	12.63
乌当区	467.53	4.84	2414.25	24.97	1167.22	12.07	2010.26	20.79	683.89	7.07	25.02	0.27	2899.15	29.99
息烽县	3257.22	12.92	15125.14	59.99	1352.59	5.36	375.65	1.49	1202.24	4.77	89.69	0.36	3809.98	15.11
修文县	3117.82	13.00	9571.65	39.91	3097.30	12.91	1021.56	4.26	350.48	1.46	40.27	0.17	6783.57	28.29
云岩区	27.66	6.66	202.09	48.63	91.76	22.08	44.38	10.67	—	0.00	—	0.00	49.69	11.96

第6章 耕地地力等级分析

6.1 耕地地力等级总体情况

6.1.1 耕地地力等级概况

以第三次全国国土调查变更数据为评价图件，2021年末贵阳市耕地面积为186719.70 hm^2，耕地地力平均等级为4.83，较2020年耕地地力平均等级4.84提升0.01个等级。耕地地力等级按一至十等地进行划分，其中：五等地面积最大，占比26.08%；四等地次之，占比24.11%；再次是六等地，占比13.86%；接着是三等地，占比9.40%；最小为十等地，占比0.84%（表6.1）。

表6.1 2021年贵阳市耕地地力等级分布状况统计表

耕地地力等级	面积/hm^2	占比/%
一等地	4360.37	2.34
二等地	14277.17	7.65
三等地	17548.39	9.40
四等地	45027.40	24.11
五等地	48693.49	26.08
六等地	25886.46	13.86
七等地	16560.78	8.87
八等地	9791.74	5.24
九等地	3005.07	1.61
十等地	1568.82	0.84
合计	186719.70	100.00

6.1.2 各县（市、区）耕地地力等级情况

2021年贵阳市各县（市、区）耕地地力平均等级较2020年整体有所提升。贵阳市不同县（市、区）的耕地地力等级分布状况见表6.2。其中，白云区耕地地力平均等级由2020年的4.24提升到2021年的4.22，提升了0.02个等级；云岩区由2020年的4.98提升到2021年的4.94，提升了0.04个等级；乌当区由2020年的5.00提升到2021年的4.98，提升了

第 6 章 耕地地力等级分析

0.02 个等级；开阳县由 2020 年的 4.70 提升到 2021 年的 4.69，提升了 0.01 个等级；清镇市由 2020 年的 5.20 提升到 2021 年的 5.19，提升了 0.01 个等级；修文县由 2020 年的 4.94 提升到 2021 年的 4.90，提升了 0.04 个等级；观山湖区、南明区、花溪区、息烽县的耕地质量平均等级未发生变化。

在耕地地力等级一至十级中，乌当区、花溪区、开阳县和修文县均以四等地面积最大，分别占本县（区）面积的 26.06%、24.42%、26.42%和 27.24%；白云区、南明区、清镇市和息烽县均以五等地面积最大，分别占本县（市、区）面积的 33.46%、40.31%、27.03%和 35.93%；观山湖区、云岩区以六等地面积最大，分别占本区面积的 24.97%、30.58%。

表 6.2 2021 年贵阳市不同县（市、区）耕地地力等级分布统计表

指标		白云区	观山湖区	云岩区	南明区	乌当区	花溪区	开阳县	清镇市	息烽县	修文县
2020 年耕地地力平均等级		4.24	5.17	4.98	4.45	5.00	4.44	4.70	5.20	4.89	4.94
2021 年耕地地力平均等级		4.22	5.17	4.94	4.45	4.98	4.44	4.69	5.19	4.89	4.90
较 2020 年提升		0.02	—	0.04	—	0.02	—	0.01	0.01	—	0.04
一等地	面积/hm²	168.88	19.83	—	60.13	86.52	1533.95	1223.59	405.91	352.89	508.69
	比例/%	4.41	0.59	—	3.97	0.89	6.11	2.25	1.03	1.40	2.12
二等地	面积/hm²	431.41	253.74	8.17	154.81	674.18	2520.66	5063.30	2028.81	1419.94	1722.15
	比例/%	11.27	7.57	1.97	10.21	6.97	10.04	9.31	5.16	5.63	7.18
三等地	面积/hm²	479.42	304.75	34.05	166.95	837.82	3813.60	5106.31	2415.05	2186.92	2203.53
	比例/%	12.53	9.10	8.19	11.01	8.67	15.19	9.39	6.15	8.67	9.19
四等地	面积/hm²	932.76	567.41	100.84	242.68	2519.43	6129.89	14359.23	8991.11	4651.05	6533.01
	比例/%	24.37	16.94	24.26	16.00	26.06	24.42	26.42	22.88	18.45	27.24
五等地	面积/hm²	1280.62	739.44	126.13	611.29	2107.16	4624.41	13882.67	10620.73	9059.55	5641.48
	比例/%	33.46	22.07	30.35	40.31	21.80	18.42	25.54	27.03	35.93	23.52
六等地	面积/hm²	246.07	836.36	127.08	182.36	1742.73	2950.41	5624.96	5697.59	4891.20	3587.70
	比例/%	6.43	24.97	30.58	12.03	18.03	11.75	10.35	14.50	19.40	14.96
七等地	面积/hm²	229.71	261.69	16.80	55.49	980.74	1437.60	5447.60	5162.28	1549.91	1418.94
	比例/%	6.00	7.81	4.04	3.66	10.14	5.73	10.02	13.14	6.15	5.92
八等地	面积/hm²	53.24	245.15	1.91	26.72	345.08	1236.56	3203.04	3091.00	695.49	893.55
	比例/%	1.39	7.32	0.46	1.76	3.57	4.93	5.89	7.87	2.76	3.73
九等地	面积/hm²	4.66	117.11	0.60	10.78	251.79	489.99	367.02	692.31	278.99	791.82
	比例/%	0.12	3.50	0.14	0.71	2.60	1.95	0.68	1.76	1.11	3.30
十等地	面积/hm²	—	4.34	—	5.15	121.88	364.65	80.97	183.50	126.56	681.76
	比例/%	—	0.13	—	0.34	1.26	1.45	0.15	0.47	0.50	2.84

6.1.3　不同土壤类型耕地地力等级分布情况

贵阳市不同土壤类型的耕地地力等级分布状况见表 6.3。潴育型水稻土以二等地面积最大，占该土类面积的 47.62%；渗育型水稻土以三等地面积最大，占该土类面积的 48.19%；潮土、黄壤、漂洗黄壤、红色石灰土、黄色石灰土、漂洗型水稻土、脱潜型水稻土、淹育型水稻土以五等地面积最大，依次占该土类面积的 48.13%、30.13%、33.67%、70.98%、44.86%、43.72%、75.16%、45.88%；暗黄棕壤、棕色石灰土、潜育型水稻土、石灰性紫色土以六等地面积最大，依次占该土类面积的 49.44%、98.71%、48.69%、68.97%。酸性粗骨土、黑色石灰土、中性紫色土以七等地面积最大，依次占该土类面积的 44.76%、49.33%、35.08%；钙质粗骨土、新积土、酸性紫色土以八等地面积最大，依次占该土类面积的 48.86%、95.73%、27.59%；黄壤性土以九等地面积最大，占该土类面积的 32.22%。

第6章 耕地地力等级分析

表6.3 贵阳市不同土壤类型的耕地地力等级分布状况

土类	亚类	一等地 面积/hm²	一等地 占比/%	二等地 面积/hm²	二等地 占比/%	三等地 面积/hm²	三等地 占比/%	四等地 面积/hm²	四等地 占比/%	五等地 面积/hm²	五等地 占比/%	六等地 面积/hm²	六等地 占比/%	七等地 面积/hm²	七等地 占比/%	八等地 面积/hm²	八等地 占比/%	九等地 面积/hm²	九等地 占比/%	十等地 面积/hm²	十等地 占比/%
潮土	潮土	—	—	—	—	1.34	0.36	5.16	1.40	177.99	48.13	15.82	4.28	91.36	24.71	78.10	21.12	—	—	—	—
粗骨土	钙质粗骨土	—	—	—	—	—	—	—	—	—	—	—	—	14.00	2.05	333.30	48.86	248.71	36.46	86.20	12.64
	酸性粗骨土	—	—	—	—	—	—	—	—	—	—	134.86	3.10	1950.28	44.76	1312.88	30.13	632.24	14.51	326.74	7.50
黄壤	黄壤	3.40	—	180.53	0.25	2293.80	3.16	21166.47	29.20	21845.18	30.13	11019.15	15.20	8008.36	11.05	6117.88	8.44	1243.08	1.71	613.79	0.85
	黄壤性土	—	—	—	—	—	—	—	—	1.37	0.06	38.76	1.81	450.66	21.06	481.96	22.53	689.45	32.22	477.32	22.31
	漂洗黄壤	—	—	—	—	1.03	0.17	0.07	0.01	198.06	33.67	153.91	26.16	67.52	11.48	143.26	24.35	8.33	1.42	16.10	2.74
	暗黄棕壤	—	—	—	—	2.74	0.14	7.88	0.40	313.31	16.03	966.62	49.44	46.17	2.36	408.07	20.87	161.52	8.26	48.66	2.49
黄棕壤	黑色石灰土	—	—	—	—	—	—	7.35	0.09	24.39	0.30	3896.12	47.14	4077.62	49.33	257.25	3.11	2.45	0.03	—	—
石灰土	红色石灰土	—	—	—	—	—	—	25.42	20.68	87.25	70.98	10.25	8.34	—	—	—	—	—	—	—	—
	黄色石灰土	16.61	0.04	97.36	0.21	1438.24	3.08	18140.69	38.84	20953.16	44.86	5440.35	11.65	488.39	1.05	134.24	0.29	—	—	—	—
	棕色石灰土	—	—	—	—	—	—	—	—	—	—	91.53	98.71	1.20	1.29	—	—	—	—	—	—
水稻土	漂洗型水稻土	—	—	0.50	0.03	28.61	1.47	420.08	21.54	852.56	43.72	593.90	30.45	54.55	2.80	—	—	—	—	—	—
	潜育型水稻土	—	—	—	—	—	—	60.59	1.50	1895.28	46.82	1970.89	48.69	121.18	2.99	—	—	—	—	—	—

续表

土类	亚类	一等地 面积/hm²	一等地 占比/%	二等地 面积/hm²	二等地 占比/%	三等地 面积/hm²	三等地 占比/%	四等地 面积/hm²	四等地 占比/%	五等地 面积/hm²	五等地 占比/%	六等地 面积/hm²	六等地 占比/%	七等地 面积/hm²	七等地 占比/%	八等地 面积/hm²	八等地 占比/%	九等地 面积/hm²	九等地 占比/%	十等地 面积/hm²	十等地 占比/%
水稻土	渗育型水稻土	—	—	2747.09	20.06	6598.64	48.19	3419.23	24.97	452.32	3.30	287.02	2.10	183.75	1.34	4.95	0.04	—	—	—	—
	脱潜型水稻土	—	—	—	—	—	—	126.67	21.92	434.37	75.16	16.87	2.92	—	—	—	—	—	—	—	—
	淹育型水稻土	—	—	—	—	0.87	0.05	423.43	24.42	795.65	45.88	387.53	22.35	122.40	7.06	4.23	0.24	—	—	—	—
	潴育型水稻土	4340.36	18.37	11251.70	47.62	7157.78	30.29	796.62	3.37	39.10	0.17	43.04	0.18	—	—	—	—	—	—	—	—
新积土	新积土	—	—	—	—	—	—	—	—	—	—	159.13	68.97	67.68	29.33	10.99	95.73	0.49	4.27	—	—
紫色土	石灰性紫色土	—	—	—	—	—	—	0.45	0.19	1.19	0.52	308.13	20.81	—	—	2.28	0.99	—	—	—	—
	酸性紫色土	—	—	—	—	18.70	1.26	107.51	7.26	363.07	24.53	352.56	22.14	257.09	17.37	408.50	27.59	17.36	1.17	—	—
	中性紫色土	—	—	—	—	6.64	0.42	319.80	20.09	259.22	16.28			558.56	35.08	93.84	5.89	1.45	0.09	—	—
合计		4360.37		14277.18		17548.39		45027.42		48693.47		25886.44		16560.77		9791.73		3005.08		1568.81	

注：占比为各等级土壤亚类面积在贵阳市该土壤亚类中的占比。

6.2 各等级耕地质量特征

6.2.1 一等地耕地质量特征

1. 一等地土属特征

贵阳市一等地主要分布于水田，旱地仅占 0.46%，土壤类型以潴育型水稻土的斑黄泥田、大眼泥田和斑潮泥田为主，依次占该等地面积的 42.61%、38.87% 和 18.06%（表 6.4）。

表 6.4 贵阳市一等地在主要土壤类型中的分布状况

土类	亚类	土属	面积/hm²	占比/%
黄壤	黄壤	黄泥土	0.84	0.02
		桔黄泥土	2.56	0.06
石灰土	黄色石灰土	大泥土	16.61	0.38
水稻土	潴育型水稻土	斑潮泥田	787.55	18.06
		斑黄泥田	1858.08	42.61
		大眼泥田	1694.74	38.87

2. 一等地属性特征

如图 6.1 所示，贵阳市一等地主要分布在海拔 1000~1500m 处，占该等地面积的 78.98%；耕层土壤 pH 以 7.5~8.5 为主，占 39.15%；有机质含量以 35g/kg 以上为主，占 71.32%；有效磷含量以 30mg/kg 以上为主，占 34.87%；速效钾含量以 200mg/kg 以上为主，占 48.09%；土壤容重以 1.3~1.4g/cm³ 为主，占 70.12%。

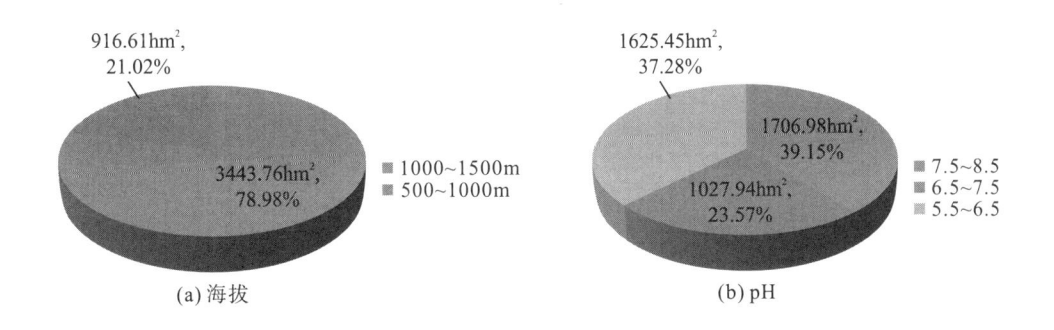

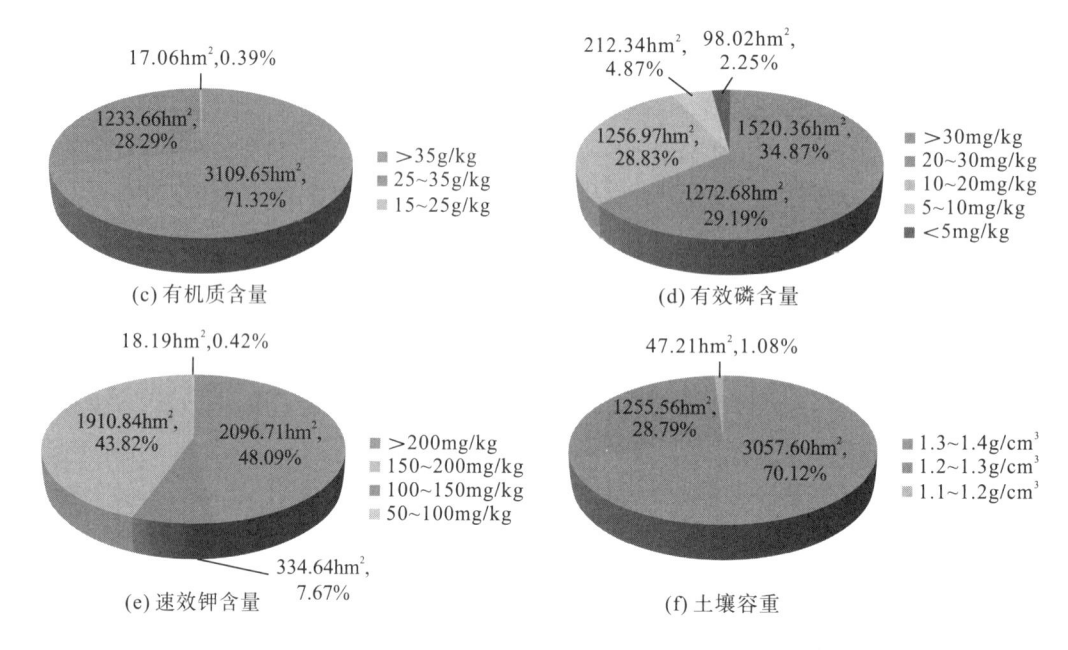

(c) 有机质含量: 17.06hm², 0.39%; 1233.66hm², 28.29%; 3109.65hm², 71.32% >35g/kg, 25~35g/kg, 15~25g/kg

(d) 有效磷含量: 212.34hm², 4.87%; 98.02hm², 2.25%; 1256.97hm², 28.83%; 1520.36hm², 34.87%; 1272.68hm², 29.19% >30mg/kg, 20~30mg/kg, 10~20mg/kg, 5~10mg/kg, <5mg/kg

(e) 速效钾含量: 18.19hm², 0.42%; 1910.84hm², 43.82%; 2096.71hm², 48.09%; 334.64hm², 7.67% >200mg/kg, 150~200mg/kg, 100~150mg/kg, 50~100mg/kg

(f) 土壤容重: 47.21hm², 1.08%; 1255.56hm², 28.79%; 3057.60hm², 70.12% 1.3~1.4g/cm³, 1.2~1.3g/cm³, 1.1~1.2g/cm³

图 6.1　贵阳市一等地不同养分指标的等级分布统计图

3. 各县(市、区)一等地分布特征

贵阳市一等地中水田面积占 99.32%，旱地、水浇地面积仅占 0.67%、0.01%。一等地在花溪区、开阳县分布面积较大，分别占贵阳市一等地面积的 35.18% 和 28.06%。贵阳市各县(市、区)一等地主要分布在水田中，其中白云区、观山湖区、南明区、乌当区和息烽县一等地全部为水田；花溪区、开阳县、清镇市和修文县一等地有 0.61%、0.62%、0.25% 和 2.19% 为旱地；仅开阳县有 0.58hm² 的一等地分布在水浇地中(表 6.5)。

表 6.5　贵阳市各县(市、区)一等地面积分布统计表

县(市、区)	一等地 面积/hm²	占贵阳市一等地比例/%	占该县(市、区)耕地面积比例/%	占贵阳市耕地面积比例/%	其中：旱地 面积/hm²	占该县(市、区)一等地面积比例/%	其中：水田 面积/hm²	占该县(市、区)一等地面积比例/%	其中：水浇地 面积/hm²	占该县(市、区)一等地面积比例/%
白云区	168.88	3.87	4.41	0.09	—	—	168.88	100.00	—	—
观山湖区	19.83	0.45	0.59	0.01	—	—	19.83	100.00	—	—
花溪区	1533.95	35.18	6.11	0.82	9.38	0.61	1524.56	99.39	—	—
开阳县	1223.59	28.06	2.25	0.66	7.55	0.62	1215.46	99.34	0.58	0.05
南明区	60.13	1.38	3.97	0.03	—	—	60.13	100.00	—	—
清镇市	405.91	9.31	1.03	0.22	1.01	0.25	404.90	99.75	—	—
乌当区	86.52	1.98	0.89	0.05	—	—	86.52	100.00	—	—
息烽县	352.89	8.10	1.40	0.19	—	—	352.89	100.00	—	—
修文县	508.69	11.67	2.12	0.27	11.12	2.19	497.57	97.81	—	—
合计	4360.39	100.00	—	—	29.06	—	4330.74	—	0.58	—

4. 土壤主要理化性状特征及分布

1) 一等地土壤有机质

一等地土壤有机质含量丰富，旱地土壤有机质含量均高于 25g/kg，且以高于 35g/kg 为主，其面积约为土壤有机质含量 25～35g/kg 的旱地面积的 1.7 倍；水田土壤有机质含量以高于 35g/kg 为主，此部分水田面积占一等地面积的 70.89%；其次为土壤有机质含量为 25～35g/kg 的水田，占 28.04%；土壤有机质含量为 15～25g/kg 的水田，仅占 0.39%；水浇地的土壤有机质含量更为丰富，分布于一等地的水浇地，土壤有机质含量均高于 35g/kg（表 6.6）。

表 6.6 贵阳市一等地土壤有机质分级及面积比例

含量范围 /(g/kg)	旱地 面积/hm²	占一等地面积比例/%	水田 面积/hm²	占一等地面积比例/%	水浇地 面积/hm²	占一等地面积比例/%
>35	18.17	0.42	3090.91	70.89	0.58	0.01
25～35	10.89	0.25	1222.76	28.04	—	—
15～25	—	—	17.06	0.39	—	—

2) 一等地土壤全氮

贵阳市一等地土壤全氮含量丰富，以大于 2g/kg 为主。其中，水田土壤全氮含量大于 2g/kg 的面积占一等地面积的 87.06%；水田土壤全氮含量为 1.5～2g/kg 的面积，占一等地面积的 8.28%（表 6.7）。

表 6.7 贵阳市一等地土壤全氮分级及面积比例

含量范围 /(g/kg)	旱地 面积/hm²	占一等地面积比例/%	水田 面积/hm²	占一等地面积比例/%	水浇地 面积/hm²	占一等地面积比例/%
>2	20.42	0.47	3796.05	87.06	0.21	0.00
1.5～2	8.39	0.19	361.20	8.28	0.37	0.01
1～1.5	0.26	0.01	170.98	3.92	—	—
0.5～1	—	—	2.50	0.06	—	—

3) 一等地土壤有效磷

贵阳市一等地中土壤有效磷含量范围以高于 5mg/kg 为主。其中，水田土壤有效磷含量高于 30mg/kg 的占一等地面积的 34.40%，其次为 20～30mg/kg 和 10～20mg/kg，分别占 29.14% 和 28.70%；旱地土壤有效磷含量也以高于 30mg/kg 为主；水浇地土壤有效磷含量集中于 20～30mg/kg（表 6.8）。

表 6.8　贵阳市一等地土壤有效磷分级及面积比例

含量范围 /(mg/kg)	旱地 面积/hm²	占一等地面积比例/%	水田 面积/hm²	占一等地面积比例/%	水浇地 面积/hm²	占一等地面积比例/%
>30	20.55	0.47	1499.80	34.40	—	—
20～30	1.63	0.04	1270.48	29.14	0.58	0.01
10～20	5.69	0.13	1251.28	28.70	—	—
5～10	0.12	0.00	212.23	4.87	—	—
<5	1.07	0.02	96.95	2.22	—	—

4)一等地土壤速效钾

贵阳市一等地土壤速效钾含量丰富,以高于 150mg/kg 为主。其中,水田土壤速效钾含量大于 200mg/kg 和 150～200mg/kg 的占比较大,依次占一等地面积的 47.59%和 43.65%(表 6.9)。

表 6.9　贵阳市一等地土壤速效钾分级及面积比例

含量范围 /(mg/kg)	旱地 面积/hm²	占一等地面积比例/%	水田 面积/hm²	占一等地面积比例/%	水浇地 面积/hm²	占一等地面积比例/%
>200	21.44	0.49	2075.27	47.59	—	—
150～200	7.12	0.16	1903.14	43.65	0.58	0.01
100～150	0.51	0.01	334.13	7.66	—	—
50～100	—	—	18.19	0.42	—	—

5)一等地土壤 pH

贵阳市一等地土壤 pH 从弱酸性至弱碱性均有分布。其中,水田土壤 pH 以弱碱性 7.5～8.5 的占比最大,为 38.59%;其次为弱酸性 5.5～6.5,占比 37.22%;再次为 6.5～ 7.5,占比 23.51%;旱地土壤 pH 以弱碱性为主,这与一等地中旱地土壤类型以大泥土为主有关(表 6.10)。

表 6.10　贵阳市一等地土壤 pH 分级及面积比例

pH 范围	旱地 面积/hm²	占一等地面积比例/%	水田 面积/hm²	占一等地面积比例/%	水浇地 面积/hm²	占一等地面积比例/%
7.5～8.5	24.39	0.56	1682.59	38.59	—	—
6.5～7.5	2.67	0.06	1025.28	23.51	—	—
5.5～6.5	2.01	0.05	1622.86	37.22	0.58	0.01

6)一等地耕地坡度

贵阳市一等地中水田的耕地坡度以 2°～6° 为主,占一等地面积的 49.43%;其次为 6°～15°,占 28.26%(表 6.11)。

表 6.11 贵阳市一等地耕地坡度级分级及面积比例

耕地坡度	旱地 面积/hm²	占一等地面积比例/%	水田 面积/hm²	占一等地面积比例/%	水浇地 面积/hm²	占一等地面积比例/%
>25°	—	—	25.65	0.59	—	—
15°～25°	1.13	0.03	129.05	2.96	—	—
6°～15°	4.04	0.09	1232.20	28.26	0.56	0.01
2°～6°	20.98	0.48	2155.31	49.43	0.01	0.00
≤2°	2.91	0.07	788.52	18.08	—	—

7)一等地土层厚度

贵阳市一等地土层厚度以 70～90cm 和大于 90cm 为主,其中,水田土层厚度大于 90cm 的占一等地面积的 93.33%(表 6.12)。

表 6.12 贵阳市一等地土层厚度分级及面积比例

土层厚度 /cm	旱地 面积/hm²	占一等地面积比例/%	水田 面积/hm²	占一等地面积比例/%	水浇地 面积/hm²	占一等地面积比例/%
>90	24.10	0.55	4069.50	93.33	0.58	0.01
70～90	4.97	0.11	261.23	5.99	—	—

8)一等地地形部位

贵阳市一等地中,水田的地形部位以丘陵下部为主,占一等地面积的 55.96%;其次为丘陵中部和山地坡下,占比依次为 19.02% 和 12.61%(表 6.13)。

表 6.13 贵阳市一等地地形部位分布及面积比例

地形部位	旱地 面积/hm²	占一等地面积比例/%	水田 面积/hm²	占一等地面积比例/%	水浇地 面积/hm²	占一等地面积比例/%
丘陵中部	2.41	0.06	829.26	19.02	—	—
丘陵下部	25.09	0.58	2440.15	55.96	0.58	0.01
山地坡中	—	—	133.03	3.05	—	—
山地坡下	—	—	549.93	12.61	—	—
山间盆地	1.57	0.04	378.35	8.68	—	—

9）一等地耕层质地

贵阳市一等地中，水田的耕层质地以中壤为主，占一等地面积的 99.19%（表 6.14）。

表 6.14 贵阳市一等地耕层质地分布及面积比例

耕层质地	旱地 面积/hm²	占一等地面积比例/%	水田 面积/hm²	占一等地面积比例/%	水浇地 面积/hm²	占一等地面积比例/%
轻壤	—	—	3.61	0.08	—	—
中壤	29.07	0.67	4324.92	99.19	0.58	0.01
重壤	—	—	2.20	0.05	—	—

6.2.2 二等地耕地质量特征

1. 二等地土属特征

贵阳市二等地主要分布在水田，其中，潴育型水稻土的斑黄泥田、大眼泥田和渗育型水稻土的黄泥田占比较高，依次占二等地面积的 56.36%、15.52% 和 15.45%；仅 1.94% 的二等地分布于旱地，土壤类型包括黄壤和石灰土（表 6.15）。

表 6.15 贵阳市二等地在主要土壤类型中的分布状况

土类	亚类	土属	面积/hm²	占二等地面积比例/%
黄壤	黄壤	黄泥土	130.97	0.92
		黄砂泥土	11.80	0.08
		桔黄泥土	37.77	0.26
石灰土	黄色石灰土	大泥土	97.36	0.68
水稻土	漂洗型水稻土	白鳝泥田	0.50	0.00
	渗育型水稻土	潮砂泥田	8.34	0.06
		大泥田	525.07	3.68
		黄泥田	2205.36	15.45
		血肝泥田	8.31	0.06
	潴育型水稻土	斑潮泥田	612.53	4.29
		斑黄泥田	8046.81	56.36
		大眼泥田	2216.10	15.52
		紫泥田	376.26	2.64

2. 二等地属性特征

如图 6.2 所示，贵阳市二等地主要分布在海拔 1000~1500m，占该等地面积的 84.04%；耕层土壤 pH 以 5.5~6.5 为主，占 59.27%；有机质含量以 25~35g/kg 为主，占 50.32%；

第6章 耕地地力等级分析

有效磷含量以 10~20mg/kg 为主，占 53.63%；速效钾含量以 150~200mg/kg 为主，占 43.83%；土壤容重以 1.3~1.4g/cm³ 为主，占 82.59%。

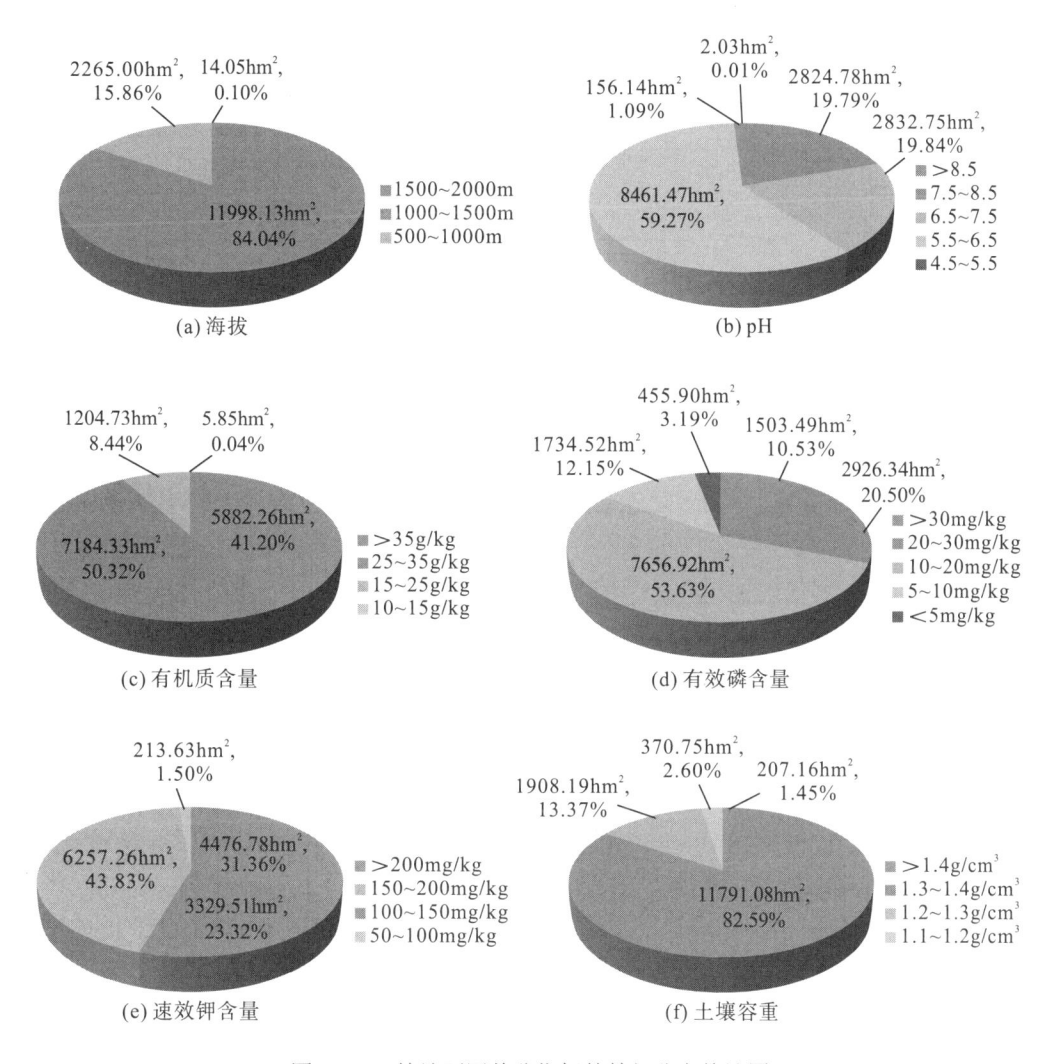

图6.2 二等地不同养分指标的等级分布统计图

3. 各县(市、区)二等地分布特征

贵阳市二等地以开阳县分布面积最大，占贵阳市二等地面积的 35.46%；其次是花溪区、清镇市和修文县，分别占 17.66%、14.21%和 12.06%。除云岩区外，其他县(市、区)二等地主要分布在水田中。其中，南明区二等地全部为水田。云岩区二等地在水田中分布面积最小，仅占本区二等地面积的 1.18%；云岩区二等地主要分布在水浇地中，占本区二等地面积的 52.95%，其次分布在旱地中，占 45.88%。开阳县、清镇市和修文县二等地分别有 1.06%、0.12%和 0.06%为水浇地(表6.16)。

表 6.16　贵阳市各县(市、区)二等地面积分布统计表

县(市、区)	二等地 面积/hm²	占贵阳市二等地面积比例/%	占该县(市、区)耕地面积比例/%	占贵阳市耕地面积比例/%	其中：旱地 面积/hm²	其中：旱地 占该县(市、区)二等地面积比例/%	其中：水田 面积/hm²	其中：水田 占该县(市、区)二等地面积比例/%	其中：水浇地 面积/hm²	其中：水浇地 占该县(市、区)二等地面积比例/%
白云区	431.41	3.02	0.11	0.23	5.65	1.31	425.77	98.69	—	—
观山湖区	253.74	1.78	0.08	0.14	0.21	0.08	253.53	99.92	—	—
花溪区	2520.66	17.66	0.10	1.35	34.93	1.39	2485.72	98.61	—	—
开阳县	5063.30	35.46	0.09	2.71	10.13	0.20	4999.70	98.74	53.46	1.06
南明区	154.81	1.08	0.10	0.08	—	—	154.81	100.00	—	—
清镇市	2028.81	14.21	0.05	1.09	9.28	0.46	2017.16	99.43	2.38	0.12
乌当区	674.18	4.72	0.07	0.36	9.94	1.47	664.25	98.53	—	—
息烽县	1419.94	9.95	0.06	0.76	1.61	0.11	1418.33	99.89	—	—
修文县	1722.15	12.06	0.07	0.92	174.59	10.14	1546.61	89.81	0.95	0.06
云岩区	8.17	0.06	0.02	0.00	3.75	45.88	0.10	1.18	4.33	52.95
合计	14277.17	100.00	—	—	250.09	—	13965.98	—	61.12	—

4. 土壤主要理化性状特征及分布

1) 二等地土壤有机质

贵阳市二等地主要分布于水田中，水田面积占二等地面积的 97.82%；旱地、水浇地分别仅占 1.75%、0.43%。水田中二等地土壤有机质含量以 25～35g/kg 为主，该部分面积占二等地面积的 49.59%；其次为大于 35g/kg，占 39.85%(表 6.17)。

表 6.17　贵阳市二等地土壤有机质分级及面积比例

含量范围/(g/kg)	旱地 面积/hm²	旱地 占二等地面积比例/%	水田 面积/hm²	水田 占二等地面积比例/%	水浇地 面积/hm²	水浇地 占二等地面积比例/%
>35	147.02	1.03	5689.60	39.85	45.64	0.32
25～35	89.14	0.62	7079.71	49.59	15.48	0.11
15～25	13.92	0.10	1190.82	8.34	—	—
10～15	—	—	5.85	0.04	—	—

2) 二等地土壤全氮

贵阳市二等地土壤全氮含量丰富，水田土壤全氮含量大于 2g/kg 的占二等地面积的 80.52%；旱地和水浇地土壤全氮含量也以大于 2g/kg 为主(表 6.18)。

第6章 耕地地力等级分析

表6.18 贵阳市二等地土壤全氮分级及面积比例

含量范围 /(g/kg)	旱地 面积/hm²	占二等地面积比例/%	水田 面积/hm²	占二等地面积比例/%	水浇地 面积/hm²	占二等地面积比例/%
>2	128.20	0.90	11496.61	80.52	53.29	0.37
1.5~2	107.97	0.76	1887.13	13.22	7.74	0.05
1~1.5	5.43	0.04	544.34	3.81	0.09	0.00
0.5~1	8.47	0.06	34.81	0.24	—	—
<0.5	—	—	3.10	0.02	—	—

3) 二等地土壤有效磷

贵阳市二等地中,水田土壤有效磷含量以10~20mg/kg的占比最大,占二等地面积的53.19%;其次为20~30mg/kg,占19.55%(表6.19)。

表6.19 贵阳市二等地土壤有效磷分级及面积比例

含量范围 /(mg/kg)	旱地 面积/hm²	占二等地面积比例/%	水田 面积/hm²	占二等地面积比例/%	水浇地 面积/hm²	占二等地面积比例/%
>30	85.08	0.60	1411.65	9.89	6.76	0.05
20~30	98.66	0.69	2791.62	19.55	36.05	0.25
10~20	54.35	0.38	7593.76	53.19	8.81	0.06
5~10	9.66	0.07	1715.36	12.01	9.49	0.07
<5	2.32	0.02	453.58	3.18	—	—

4) 二等地土壤速效钾

贵阳市二等地中,水田的土壤速效钾含量以150~200mg/kg占比最大,占二等地面积的42.86%;其次为大于200mg/kg和100~150mg/kg,占比依次为30.48%和23.00%(表6.20)。

表6.20 贵阳市二等地土壤速效钾分级及面积比例

含量范围 /(mg/kg)	旱地 面积/hm²	占二等地面积比例/%	水田 面积/hm²	占二等地面积比例/%	水浇地 面积/hm²	占二等地面积比例/%
>200	109.83	0.77	4351.84	30.48	15.10	0.11
150~200	97.85	0.69	6119.48	42.86	39.92	0.28
100~150	40.19	0.28	3283.23	23.00	6.09	0.04
50~100	2.20	0.02	211.43	1.48	—	—

5)二等地土壤pH

贵阳市二等地中,水田的土壤pH以弱酸性5.5~6.5的占比最大,为58.30%;其次为中性6.5~7.5和弱碱性7.5~8.5,占比依次为19.49%和19.08%(表6.21)。

表6.21 贵阳市二等地土壤pH分级及面积比例

pH范围	旱地 面积/hm²	占二等地面积比例/%	水田 面积/hm²	占二等地面积比例/%	水浇地 面积/hm²	占二等地面积比例/%
>8.5	—	—	2.03	0.01	—	—
7.5~8.5	95.39	0.67	2724.46	19.08	4.93	0.03
6.5~7.5	34.41	0.24	2781.95	19.49	16.40	0.11
5.5~6.5	98.42	0.69	8323.26	58.30	39.79	0.28
4.5~5.5	21.86	0.15	134.28	0.94	—	—

6)二等地耕地坡度

贵阳市二等地中,水田的耕地坡度以6°~15°为主,占二等地面积的46.02%;其次为2°~6°分布,占31.90%(表6.22)。

表6.22 贵阳市二等地耕地坡度级分级及面积比例

耕地坡度	旱地 面积/hm²	占二等地面积比例/%	水田 面积/hm²	占二等地面积比例/%	水浇地 面积/hm²	占二等地面积比例/%
>25°	0.39	0.00	234.17	1.64	—	—
15°~25°	3.99	0.03	1158.84	8.12	—	—
6°~15°	27.94	0.20	6570.06	46.02	1.75	0.01
2°~6°	190.98	1.34	4554.27	31.90	41.29	0.29
≤2°	26.78	0.19	1448.64	10.15	18.08	0.13

7)二等地土层厚度

贵阳市二等地土层厚度较深厚,以大于90cm为主,土层厚度大于90cm的水田占二等地面积的73.37%;其次为70~90cm,占24.19%;二等地中的旱地土层厚度均在70cm以上(表6.23)。

表6.23 贵阳市二等地土层厚度分级及面积比例

土层厚度/cm	旱地 面积/hm²	占二等地面积比例/%	水田 面积/hm²	占二等地面积比例/%	水浇地 面积/hm²	占二等地面积比例/%
>90	136.44	0.96	10475.10	73.37	45.51	0.32
70~90	113.64	0.80	3454.03	24.19	15.60	0.11
50~70	—	—	36.85	0.26	—	—

8) 二等地地形部位

贵阳市二等地中，水田地形部位以丘陵下部、丘陵中部和山地坡中为主，依次占二等地面积的 29.76%、26.70%和 25.83%(表 6.24)。

表 6.24　贵阳市二等地地形部位分布及面积比例

地形部位	旱地 面积/hm²	占二等地面积比例/%	水田 面积/hm²	占二等地面积比例/%	水浇地 面积/hm²	占二等地面积比例/%
丘陵中部	9.38	0.07	3812.44	26.70	—	—
丘陵下部	160.83	1.13	4248.83	29.76	59.28	0.42
山地坡中	3.61	0.03	3688.26	25.83	—	—
山地坡下	75.91	0.53	1888.69	13.23	1.84	0.01
山间盆地	0.34	0.00	327.77	2.30	—	—

9) 二等地耕层质地

贵阳市二等地中，水田耕层质地以中壤为主，占二等地面积的 82.86%，其次为重壤和轻壤(表 6.25)。

表 6.25　贵阳市二等地耕层质地分布及面积比例

耕层质地	旱地 面积/hm²	占二等地面积比例/%	水田 面积/hm²	占二等地面积比例/%	水浇地 面积/hm²	占二等地面积比例/%
轻壤	3.72	0.03	995.19	6.97	15.40	0.11
中壤	243.83	1.71	11830.38	82.86	45.72	0.32
重壤	2.53	0.02	1140.41	7.99	—	—

6.2.3　三等地耕地质量特征

1. 三等地分布特征

贵阳市三等地土壤类型以水稻土为主，占三等地面积的 78.55%，其次为黄壤、石灰土、紫色土、黄棕壤和潮土，分别占三等地面积的 13.08%、8.20%、0.14%、0.02%、0.01%。水田土属主要分布在黄泥田和斑黄泥田中，依次占三等地面积的 25.30%和 24.86%；其次是大泥田、大眼泥田，依次占该等地面积的 12.07%、9.94%；旱地土属主要分布在黄泥土和大泥土中，依次占三等地面积的 9.92%和 8.20%(表 6.26)。

表 6.26 贵阳市三等地在主要土壤类型中的分布状况

土类	亚类	土属	面积/hm²	占三等地面积比例/%
潮土	潮土	潮砂泥土	1.34	0.01
黄壤	黄壤	黄泥土	1740.42	9.92
		黄砂泥土	59.42	0.34
		黄黏泥土	6.13	0.03
		桔黄泥土	487.82	2.78
	漂洗黄壤	白鳝泥土	1.03	0.01
黄棕壤	暗黄棕壤	灰泡泥土	2.74	0.02
石灰土	黄色石灰土	大泥土	1438.24	8.20
水稻土	漂洗型水稻土	白胶泥田	9.58	0.05
		白鳝泥田	19.03	0.11
	渗育型水稻土	潮砂泥田	18.57	0.11
		大泥田	2118.73	12.07
		黄泥田	4439.29	25.30
		血肝泥田	22.05	0.13
	淹育型水稻土	幼黄泥田	0.87	0.00
	潴育型水稻土	斑潮泥田	469.23	2.67
		斑黄泥田	4361.89	24.86
		大眼泥田	1744.94	9.94
		紫泥田	581.71	3.31
紫色土	酸性紫色土	血泥土	5.62	0.03
		血砂泥土	13.08	0.07
	中性紫色土	紫泥土	4.89	0.03
		紫砂泥土	1.76	0.01

2. 三等地属性特征

如图 6.3 所示，贵阳市三等地主要分布在海拔 1000~1500m，占该等地面积的 84.68%；耕层土壤 pH 以 5.5~6.5 为主，占 48.04%；有机质含量以 25~35g/kg 为主，占 44.89%；有效磷含量以 10~20mg/kg 为主，占 50.15%；速效钾含量以 100~150mg/kg 为主，占 34.68%；土壤容重以 1.3~1.4 g/cm³ 为主，占 67.13%。

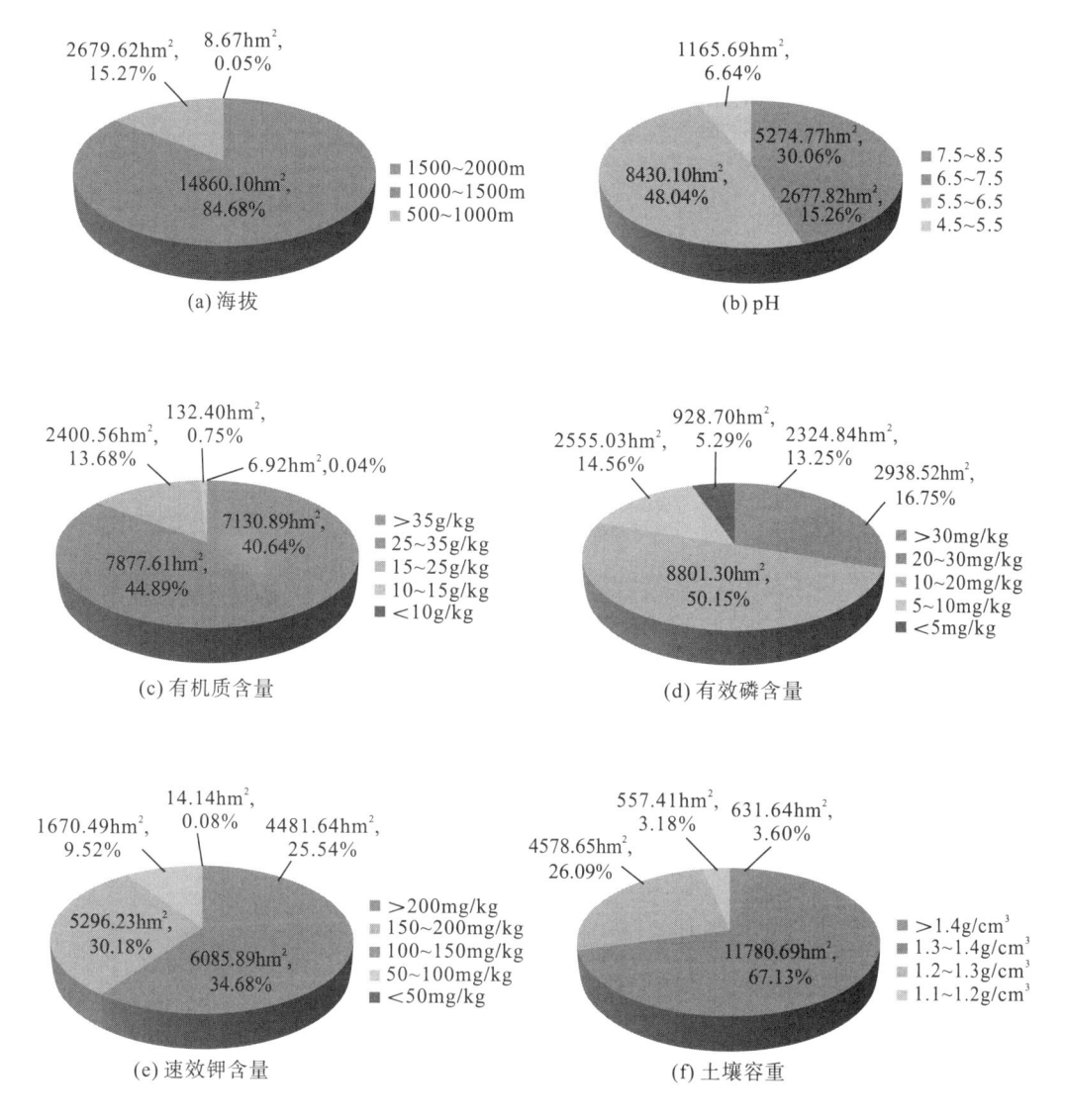

图 6.3 贵阳市三等地不同养分指标的等级分布统计图

3. 各县(市、区)三等地分布特征

在贵阳市三等地中,开阳县和花溪区分布面积较大,分别占贵阳市三等地面积的 29.11% 和 21.73%；其次是清镇市、修文县和息烽县,依次占 13.76%、12.56% 和 12.46%。各县(市、区)三等地主要分布在水田中,白云区、观山湖区、开阳县等 6 个地区三等地中 80% 以上为水田。云岩区、南明区三等地在旱地中分布面积较大,分别占该区面积的 63.31% 和 56.87%。云岩区三等地中有 28.99% 为水浇地(表 6.27)。

表 6.27 各县(市、区)三等地面积分布统计表

县(市、区)	三等地 面积/hm²	占贵阳市三等地面积比例/%	占该县(市、区)耕地面积比例/%	占贵阳市耕地面积比例/%	其中:旱地 面积/hm²	占该县(市、区)三等地面积比例/%	其中:水田 面积/hm²	占该县(市、区)三等地面积比例/%	其中:水浇地 面积/hm²	占该县(市、区)三等地面积比例/%
白云区	479.42	2.73	12.53	0.26	47.51	9.91	431.90	90.09	—	—
观山湖区	304.75	1.74	9.10	0.16	57.37	18.83	247.38	81.17	—	—
花溪区	3813.60	21.73	15.19	2.04	1231.07	32.28	2577.96	67.60	4.57	0.12
开阳县	5106.31	29.11	9.39	2.73	558.32	10.93	4494.29	88.01	53.70	1.05
南明区	166.95	0.95	11.01	0.09	94.94	56.87	65.88	39.46	6.13	3.67
清镇市	2415.05	13.76	6.15	1.29	432.83	17.92	1967.61	81.47	14.60	0.60
乌当区	837.82	4.77	8.67	0.45	34.70	4.14	797.11	95.14	6.00	0.72
息烽县	2186.92	12.46	8.67	1.17	140.00	6.40	2033.24	92.97	13.68	0.63
修文县	2203.53	12.56	9.19	1.18	1035.67	47.00	1142.12	51.83	25.74	1.17
云岩区	34.05	0.19	8.19	0.02	21.56	63.31	2.62	7.71	9.87	28.99
合计	17548.40	100.00	—	—	3653.97		13760.11		134.29	

4. 土壤主要理化性状特征及分布

1) 三等地土壤有机质

贵阳市三等地以水田分布为主,占三等地面积的 78.40%;其次分布在旱地中,占 20.83%;水浇地占 0.76%。水田中三等地土壤有机质含量以 25～35g/kg 为主,占三等地面积的 35.36%;其次为大于 35g/kg,占 28.93%。旱地中三等地土壤有机质含量以大于 35g/kg 占比最大,为 11.31%;其次为 25～35g/kg,占比 9.27%(表 6.28)。

表 6.28 贵阳市三等地土壤有机质分级及面积比例

含量范围/(g/kg)	旱地 面积/hm²	占三等地面积比例/%	水田 面积/hm²	占三等地面积比例/%	水浇地 面积/hm²	占三等地面积比例/%
>35	1984.20	11.31	5077.54	28.93	69.15	0.39
25～35	1626.37	9.27	6205.29	35.36	45.95	0.26
15～25	41.66	0.24	2339.71	13.33	19.20	0.11
10～15	1.75	0.01	130.66	0.74	—	—
<10	—	—	6.92	0.04	—	—

2) 三等地土壤全氮

贵阳市三等地土壤全氮含量以大于 2g/kg 为主,水田中占比较大,占三等地面积的 55.62%,旱地中占 12.94%;其次为 1.5～2g/kg,水田中占 16.08%,旱地中占 7.32%(表 6.29)。

表 6.29　贵阳市三等地土壤全氮分级及面积比例

含量范围 /(g/kg)	旱地		水田		水浇地	
	面积/hm²	占三等地面积比例/%	面积/hm²	占三等地面积比例/%	面积/hm²	占三等地面积比例/%
>2	2270.90	12.94	9760.35	55.62	79.94	0.46
1.5～2	1284.70	7.32	2821.04	16.08	48.88	0.28
1～1.5	68.46	0.39	1012.76	5.77	5.47	0.03
0.5～1	29.93	0.17	147.26	0.84	—	—
<0.5	—	—	18.70	0.11		

3) 三等地土壤有效磷

贵阳市三等地土壤有效磷含量以 10～20mg/kg 占比最大，其中水田土壤有效磷含量在 10～20mg/kg 的占三等地面积的 44.72%，其次为 5～10mg/kg 和 20～30mg/kg，分别占 13.58%和 10.12%（表 6.30）。

表 6.30　贵阳市三等地土壤有效磷分级及面积比例

含量范围 /(mg/kg)	旱地		水田		水浇地	
	面积/hm²	占三等地面积比例/%	面积/hm²	占三等地面积比例/%	面积/hm²	占三等地面积比例/%
>30	1471.76	8.39	839.11	4.78	13.97	0.08
20～30	1120.28	6.38	1775.72	10.12	42.53	0.24
10～20	897.65	5.12	7847.00	44.72	56.64	0.32
5～10	150.33	0.86	2383.53	13.58	21.16	0.12
<5	13.96	0.08	914.74	5.21	—	—

4) 三等地土壤速效钾

在贵阳市三等地中，水田中速效钾含量以 100～150mg/kg 占比最大，占三等地面积的 33.24%；其次为 150～200mg/kg，占比为 23.84%。旱地中以大于 200mg/kg 占比较大，为 13.29%（表 6.31）。

表 6.31　贵阳市三等地土壤速效钾分级及面积比例

含量范围 /(mg/kg)	旱地		水田		水浇地	
	面积/hm²	占三等地面积比例/%	面积/hm²	占三等地面积比例/%	面积/hm²	占三等地面积比例/%
>200	2331.35	13.29	2104.22	11.99	46.07	0.26
150～200	1057.95	6.03	4182.98	23.84	55.31	0.32
100～150	236.27	1.35	5833.04	33.24	16.58	0.09
50～100	28.40	0.16	1625.74	9.26	16.34	0.09
<50	—	—	14.14	0.08	—	—

5) 三等地土壤 pH

贵阳市三等地土壤以弱酸性(pH 5.5~6.5)占比最大,其中水田土壤 pH 为 5.5~6.5 的面积占三等地面积的 39.43%,旱地 pH 为 5.5~6.5 的面积占三等地面积的 8.35%;其次为弱碱性,水田 pH 为 7.5~8.5 的面积占三等地面积的 21.80%,旱地 pH 为 7.5~8.5 的面积占三等地面积的 7.86%(表 6.32)。

表 6.32　贵阳市三等地土壤 pH 分级及面积比例

pH 范围	旱地 面积/hm²	占三等地面积比例/%	水田 面积/hm²	占三等地面积比例/%	水浇地 面积/hm²	占三等地面积比例/%
7.5~8.5	1380.17	7.86	3826.32	21.80	68.28	0.39
6.5~7.5	753.91	4.30	1907.50	10.87	16.41	0.09
5.5~6.5	1465.26	8.35	6918.91	39.43	45.93	0.26
4.5~5.5	54.63	0.31	1107.38	6.31	3.67	0.02

6) 三等地耕地坡度

在贵阳市三等地中,水田的耕地坡度以 6°~15° 为主,占三等地面积的 43.83%;其次为 2°~6°,占 18.70%(表 6.33)。

表 6.33　贵阳市三等地耕地坡度分级及面积比例

耕地坡度	旱地 面积/hm²	占三等地面积比例/%	水田 面积/hm²	占三等地面积比例/%	水浇地 面积/hm²	占三等地面积比例/%
>25°	124.80	0.71	338.98	1.93	—	—
15°~25°	567.34	3.23	1630.36	9.29	0.07	0.00
6°~15°	1762.93	10.05	7690.59	43.83	11.22	0.06
2°~6°	967.96	5.52	3280.97	18.70	77.09	0.44
≤2°	230.94	1.32	819.22	4.67	45.92	0.26

7) 三等地土层厚度

贵阳市三等地土层厚度以大于 90cm 占比最大,水田土层厚度大于 90cm 的占三等地面积的 45.61%,旱地土层厚度大于 90cm 的占三等地面积的 17.93%;其次为 70~90cm,水田、旱地土层厚度为 70~90cm 的分别占三等地面积的 31.23%、2.78%,水浇地土层厚度基本上都大于 70cm(表 6.34)。

表 6.34 贵阳市三等地土层厚度分级及面积比例

土层厚度 /cm	旱地 面积/hm²	占三等地面积比例/%	水田 面积/hm²	占三等地面积比例/%	水浇地 面积/hm²	占三等地面积比例/%
>90	3146.25	17.93	8003.68	45.61	62.90	0.36
70~90	487.29	2.78	5480.09	31.23	70.11	0.40
50~70	20.43	0.12	276.33	1.57	1.29	0.01

8) 三等地地形部位

贵阳市三等地地形部位以丘陵下部、山地坡中和丘陵中部为主,水田主要分布于山地坡中和丘陵中部,依次占三等地面积的 29.47%和 23.13%;旱地主要分布于丘陵下部,占三等地面积的 17.09%;水浇地主要分布于丘陵下部和山地坡下(表 6.35)。

表 6.35 贵阳市三等地地形部位分布及面积比例

地形部位	旱地 面积/hm²	占三等地面积比例/%	水田 面积/hm²	占三等地面积比例/%	水浇地 面积/hm²	占三等地面积比例/%
丘陵上部	—	—	6.91	0.04	—	—
丘陵中部	129.25	0.74	4059.68	23.13	0.31	0.00
丘陵下部	2998.96	17.09	2559.59	14.59	99.12	0.56
山地坡中	11.87	0.07	5170.75	29.47	—	—
山地坡下	513.85	2.93	1766.64	10.07	34.87	0.20
山间盆地	0.06	0.00	196.55	1.12	—	—

9) 三等地耕层质地

贵阳市三等地耕层质地以中壤占比最大,水田中耕层质地为中壤的面积占三等地面积的 54.84%;其次为轻壤,占 15.91%;旱地中也以中壤占比较大,占 20.35%(表 6.36)。

表 6.36 贵阳市三等地耕层质地分布及面积比例

耕层质地	旱地 面积/hm²	占三等地面积比例/%	水田 面积/hm²	占三等地面积比例/%	水浇地 面积/hm²	占三等地面积比例/%
砂壤	26.53	0.15	—	—	—	—
轻壤	46.89	0.27	2792.81	15.91	33.67	0.19
中壤	3571.44	20.35	9623.14	54.84	100.62	0.57
重壤	9.11	0.05	1334.58	7.61	—	—
黏土	—	—	9.58	0.05	—	—

6.2.4 四等地耕地质量特征

1. 四等地分布特征

贵阳市四等地以旱地为主，其面积占四等地总面积的88.35%，土类以黄壤和石灰土为主，依次占四等地面积的47.01%、40.37%，其中，黄壤以黄泥土为主，石灰土以大泥土为主，这两个土种分别占四等地面积的38.34%和40.29%。水稻土仅占四等地土壤面积的11.65%，其中以渗育型水稻土的黄泥田占比最高，占水稻土面积的51.20%，其次为渗育型水稻土的大泥田及潴育型水稻土的紫泥田，依次占水稻土面积的13.97%、9.41%。（表6.37）。

表6.37 贵阳市四等地在主要土壤类型中的分布状况

土类	亚类	土属	面积/hm²	占四等地面积比例/%
潮土	潮土	潮砂泥土	5.16	0.01
黄壤	黄壤	黄泥土	17263.95	38.34
		黄砂泥土	677.11	1.50
		黄砂土	1.06	0.00
		黄黏泥土	99.44	0.22
		桔黄泥土	3124.91	6.94
	漂洗黄壤	白鳝泥土	0.07	0.00
黄棕壤	暗黄棕壤	灰泡泥土	7.88	0.02
石灰土	黑色石灰土	黑岩泥土	7.35	0.02
	红色石灰土	红大泥土	25.42	0.06
	黄色石灰土	大泥土	18140.69	40.29
水稻土	漂洗型水稻土	白胶泥田	293.51	0.65
		白鳝泥田	126.56	0.28
	潜育型水稻土	烂锈田	60.59	0.13
	渗育型水稻土	潮砂泥田	5.18	0.01
		大泥田	728.08	1.62
		黄泥田	2668.35	5.93
		血肝泥田	17.62	0.04
	脱潜型水稻土	干鸭屎泥田	126.67	0.28
	淹育型水稻土	大土泥田	81.59	0.18
		幼黄泥田	341.83	0.76
	潴育型水稻土	斑潮泥田	13.20	0.03
		斑黄泥田	212.06	0.47
		大眼泥田	80.95	0.18
		紫泥田	490.41	1.09

续表

土类	亚类	土属	面积/hm²	占四等地面积比例/%
紫色土	石灰性紫色土	大紫泥土	0.45	0.00
	酸性紫色土	血泥土	30.89	0.07
		血砂泥土	76.62	0.17
	中性紫色土	紫泥土	316.48	0.70
		紫砂泥土	3.32	0.01

2. 四等地属性特征

如图 6.4 所示，贵阳市四等地主要分布在海拔 1000~1500m，占该等地面积的 81.64%；耕层土壤 pH 以 7.5~8.5 为主，占该等地面积的 42.58%；有机质含量以 35g/kg 以上为主，占该等地面积的 47.98%；有效磷含量以 10~20mg/kg 为主，占该等地面积的 36.15%；速效钾含量以 150~200mg/kg 为主，占该等地面积的 38.71%；土壤容重以 1.3~1.4g/cm³ 为主，占该等地面积的 66.35%。

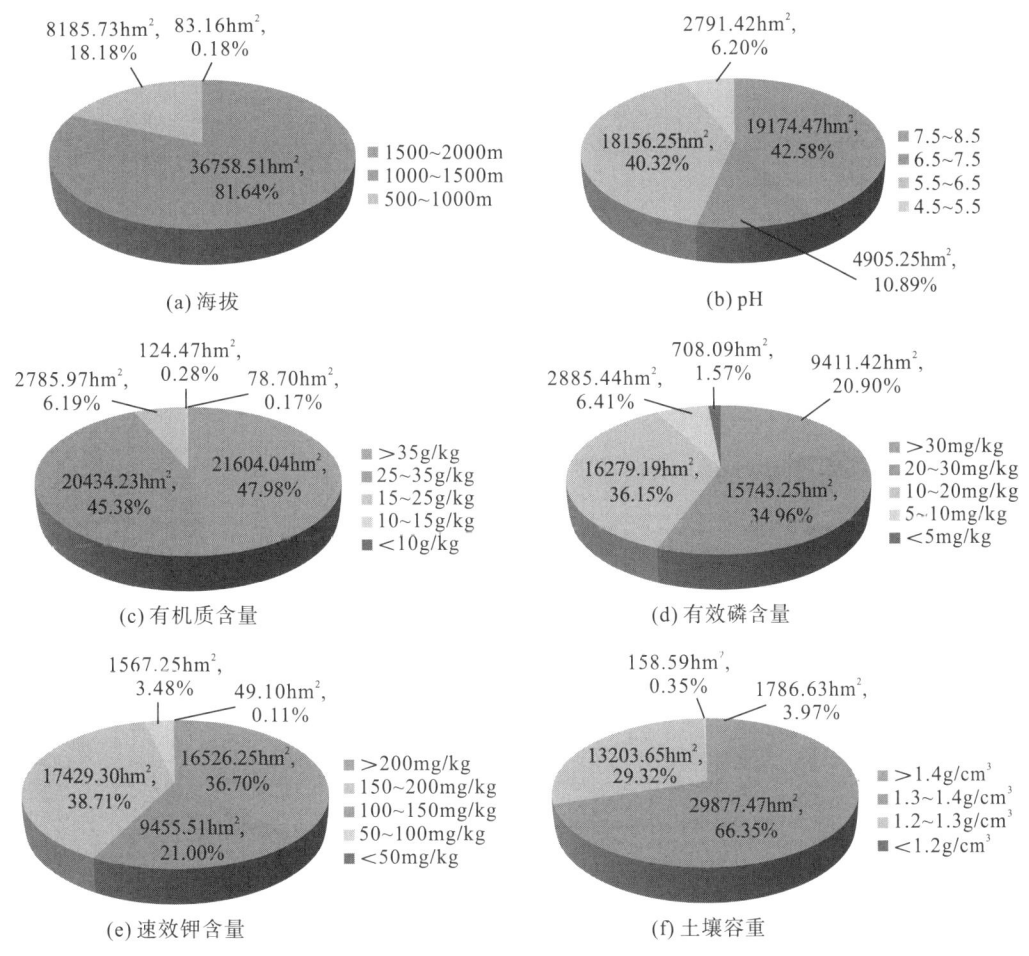

图 6.4 贵阳市四等地不同养分指标的等级分布统计图

3. 各县(市、区)四等地分布特征

四等地以开阳县分布面积最大，占贵阳市四等地面积的 31.89%；其次是清镇市、修文县和花溪区，依次占 19.97%、14.51%和 13.61%。各县(市、区)四等地在旱地、水田、水浇地中皆有分布，但在水浇地中分布面积较小。其中，白云区、花溪区、开阳县等 8 个地区四等地在旱地中分布占比为 80%以上；乌当区、观山湖区四等地分布在水田中的面积较大，依次占本区四等地面积的 44.03%和 27.91%(表 6.38)。

表 6.38 各县(市、区)四等地面积分布统计表

县(市、区)	四等地 面积/hm²	占贵阳市四等地面积比例/%	占该县(市、区)耕地面积比例/%	其中：旱地 面积/hm²	占该县(市、区)四等地面积比例/%	其中：水田 面积/hm²	占该县(市、区)四等地面积比例/%	其中：水浇地 面积/hm²	占该县(市、区)四等地面积比例/%
白云区	932.76	2.07	24.37	0.50	883.07	94.67	42.67	4.57	7.02	0.75
观山湖区	567.41	1.26	16.94	0.30	406.79	71.69	158.38	27.91	2.24	0.39
花溪区	6129.89	13.61	24.42	3.28	5346.17	87.21	736.50	12.01	47.21	0.77
开阳县	14359.23	31.89	26.42	7.69	13421.49	93.47	784.23	5.46	153.52	1.07
南明区	242.68	0.54	16.00	0.13	214.21	88.27	13.72	5.66	14.74	6.07
清镇市	8991.11	19.97	22.88	4.82	7722.51	85.89	1022.64	11.37	245.96	2.74
乌当区	2519.43	5.60	26.06	1.35	1395.88	55.40	1109.34	44.03	14.22	0.56
息烽县	4651.05	10.33	18.45	2.49	3779.71	81.27	792.34	17.04	79.00	1.70
修文县	6533.01	14.51	27.24	3.50	5926.46	90.72	582.29	8.91	24.26	0.37
云岩区	100.84	0.22	24.26	0.05	94.24	93.46	1.58	1.57	5.01	4.97
合计	45027.41	100.00	—	—	39190.53	—	5243.69	—	593.18	—

4. 土壤主要理化性状特征及分布

1) 四等地土壤有机质

贵阳市四等地中，以旱地分布为主，占四等地面积的 87.03%；水田占 11.65%；水浇地仅占 1.32%。旱地中四等地土壤有机质含量以大于 35g/kg 占比最大，占四等地面积的 43.51%；其次为 25~35g/kg，占 40.81%(表 6.39)。

表 6.39 贵阳市四等地土壤有机质分级及面积比例

含量范围/(g/kg)	旱地 面积/hm²	占四等地面积比例/%	水田 面积/hm²	占四等地面积比例/%	水浇地 面积/hm²	占四等地面积比例/%
>35	19590.11	43.51	1892.06	4.20	121.87	0.27
25~35	18376.56	40.81	1680.33	3.73	377.34	0.84
15~25	1216.93	2.70	1475.07	3.28	93.96	0.21

续表

含量范围/(g/kg)	旱地 面积/hm²	占四等地面积比例/%	水田 面积/hm²	占四等地面积比例/%	水浇地 面积/hm²	占四等地面积比例/%
10~15	0.52	0.00	123.95	0.28	—	—
<10	6.42	0.01	72.28	0.16	—	—

2) 四等地土壤全氮

贵阳市四等地中，土壤全氮含量以大于2g/kg为主，主要分布在旱地中，占四等地面积的52.12%；其次旱地中土壤全氮含量为1.5~2g/kg的面积，占30.77%（表6.40）。

表6.40　贵阳市四等地土壤全氮分级及面积比例

含量范围/(g/kg)	旱地 面积/hm²	占四等地面积比例/%	水田 面积/hm²	占四等地面积比例/%	水浇地 面积/hm²	占四等地面积比例/%
>2	23470.43	52.12	3477.25	7.72	370.30	0.82
1.5~2	13855.96	30.77	1166.78	2.59	203.55	0.45
1~1.5	1671.75	3.71	509.87	1.13	18.80	0.04
0.5~1	190.45	0.42	63.19	0.14	0.52	0.00
<0.5	1.95	0.00	26.60	0.06	—	—

3) 四等地土壤有效磷

贵阳市四等地中，土壤有效磷以旱地分布为主，含量以20~30mg/kg占比最大，占四等地面积的33.34%；其次为10~20mg/kg和大于30mg/kg，分别占29.90%和19.75%（表6.41）。

表6.41　贵阳市四等地土壤有效磷分级及面积比例

含量范围/(mg/kg)	旱地 面积/hm²	占四等地面积比例/%	水田 面积/hm²	占四等地面积比例/%	水浇地 面积/hm²	占四等地面积比例/%
>30	8893.67	19.75	468.27	1.04	49.48	0.11
20~30	15011.86	33.34	627.68	1.39	103.71	0.23
10~20	13464.14	29.90	2477.98	5.50	337.07	0.75
5~10	1589.80	3.53	1209.95	2.69	85.69	0.19
<5	231.07	0.51	459.81	1.02	17.21	0.04

4) 四等地土壤速效钾

贵阳市四等地中，土壤速效钾以旱地分布为主，含量以大于200mg/kg和150~200mg/kg占比较大，依次占四等地面积的35.39%和35.19%；其次为100~150mg/kg，占比为15.40%（表6.42）。

表6.42 贵阳市四等地土壤速效钾分级及面积比例

含量范围 /(mg/kg)	旱地 面积/hm²	占四等地面积比例/%	水田 面积/hm²	占四等地面积比例/%	水浇地 面积/hm²	占四等地面积比例/%
>200	15936.98	35.39	438.93	0.97	150.34	0.33
150~200	15845.98	35.19	1298.41	2.88	284.90	0.63
100~150	6935.78	15.40	2392.21	5.31	127.51	0.28
50~100	469.26	1.04	1067.58	2.37	30.41	0.07
<50	2.54	0.01	46.56	0.10	—	—

5）四等地土壤pH

贵阳市四等地的旱地中，土壤pH以7.5~8.5的占比最大，为39.84%；其次为5.5~6.5，占比为34.97%（表6.43）。

表6.43 贵阳市四等地土壤pH分级及面积比例

pH范围	旱地 面积/hm²	占四等地面积比例/%	水田 面积/hm²	占四等地面积比例/%	水浇地 面积/hm²	占四等地面积比例/%
7.5~8.5	17937.79	39.84	1001.74	2.22	234.94	0.52
6.5~7.5	4061.06	9.02	740.60	1.64	103.59	0.23
5.5~6.5	15744.81	34.97	2208.46	4.90	202.98	0.45
4.5~5.5	1446.88	3.21	1292.89	2.87	51.66	0.11

6）四等地耕地坡度

贵阳市四等地中，旱地耕地坡度以6°~15°占比最大，占四等地面积的45.95%；其次为15°~25°和2°~6°，占比分别为20.26%和14.36%（表6.44）。

表6.44 贵阳市四等地耕地坡度级分级及面积比例

耕地坡度	旱地 面积/hm²	占四等地面积比例/%	水田 面积/hm²	占四等地面积比例/%	水浇地 面积/hm²	占四等地面积比例/%
>25°	1469.45	3.26	127.32	0.28	0.24	0.00
15°~25°	9120.99	20.26	664.73	1.48	1.12	0.00
6°~15°	20689.45	45.95	3042.65	6.76	76.75	0.17
2°~6°	6465.32	14.36	1094.27	2.43	325.64	0.72
≤2°	1445.33	3.21	314.73	0.70	189.42	0.42

7）四等地土层厚度

贵阳市四等地主要分布在旱地中，其中，土层厚度以70~90cm为主，占四等地面积

第6章 耕地地力等级分析

的 58.35%；其次为大于 90cm，占 27.69%（表 6.45）。

表 6.45 贵阳市四等地土层厚度分级及面积比例

土层厚度 /cm	旱地 面积/hm²	占四等地面积比例/%	水田 面积/hm²	占四等地面积比例/%	水浇地 面积/hm²	占四等地面积比例/%
>90	12467.73	27.69	2417.35	5.37	64.07	0.14
70~90	26271.81	58.35	2117.40	4.70	412.31	0.92
50~70	451.00	1.00	708.94	1.57	116.78	0.26

8) 四等地地形部位

贵阳市四等地主要分布在旱地中，其中，地形部位以丘陵中部和丘陵下部为主，依次占四等地面积的 33.02%和 26.33%；其次为山地坡下，占比为 17.14%（表 6.46）。

表 6.46 贵阳市四等地地形部位分布及面积比例

地形部位	旱地 面积/hm²	占四等地面积比例/%	水田 面积/hm²	占四等地面积比例/%	水浇地 面积/hm²	占四等地面积比例/%
丘陵上部	127.46	0.28	7.76	0.02	0.03	0.00
丘陵中部	14869.91	33.02	1596.10	3.54	58.39	0.13
丘陵下部	11854.63	26.33	701.52	1.56	360.37	0.80
山地坡上	—	—	0.04	0.00	—	—
山地坡中	4622.07	10.27	2158.09	4.79	14.41	0.03
山地坡下	7715.89	17.14	506.48	1.12	159.97	0.36
山间盆地	0.57	0.00	273.70	0.61	—	—

9) 四等地耕层质地

贵阳市四等地主要分布在旱地中，耕层质地以中壤为主，占四等地面积的 84.45%（表 6.47）。

表 6.47 贵阳市四等地耕层质地分布及面积比例

耕层质地	旱地 面积/hm²	占四等地面积比例/%	水田 面积/hm²	占四等地面积比例/%	水浇地 面积/hm²	占四等地面积比例/%
砂壤	78.95	0.18	—	—	36.41	0.08
轻壤	1027.00	2.28	1860.41	4.13	9.70	0.02
中壤	38023.75	84.45	1865.69	4.14	545.75	1.21
重壤	49.09	0.11	1022.77	2.27	1.31	0.00
黏土	11.76	0.03	494.82	1.10	—	—

6.2.5 五等地耕地质量特征

1. 五等地分布特征

贵阳市五等地土属主要是大泥土和黄泥土,依次占该等地面积的43.03%和36.68%(表6.48)。

表6.48 五等地在主要土壤类型中的分布状况

土类	亚类	土属	面积/hm²	占五等地面积比例/%
潮土	潮土	潮砂泥土	177.99	0.37
黄壤	黄壤	黄泥土	17860.86	36.68
		黄砂泥土	3293.25	6.76
		黄砂土	73.02	0.15
		黄黏泥土	283.29	0.58
		桔黄泥土	334.77	0.69
	黄壤性土	幼黄砂泥土	1.37	0.00
	漂洗黄壤	白鳝泥土	198.06	0.41
黄棕壤	暗黄棕壤	灰泥土	6.93	0.01
		灰泡泥土	306.38	0.63
石灰土	黑色石灰土	黑岩泥土	24.39	0.05
	红色石灰土	红大泥土	87.25	0.18
	黄色石灰土	大泥土	20953.16	43.03
水稻土	漂洗型水稻土	白胶泥田	722.94	1.48
		白砂田	49.24	0.10
		白鳝泥田	80.38	0.17
	潜育型水稻土	烂锈田	1235.90	2.54
		冷浸田	647.70	1.33
		青黄泥田	11.68	0.02
	渗育型水稻土	潮砂泥田	4.74	0.01
		大泥田	37.04	0.08
		黄泥田	410.54	0.84
	脱潜型水稻土	干鸭屎泥田	434.37	0.89
	淹育型水稻土	大土泥田	369.14	0.76
		幼黄泥田	390.46	0.80
		幼血肝泥田	36.05	0.07
	潴育型水稻土	冷水田	39.10	0.08
紫色土	石灰性紫色土	大紫泥土	1.19	0.00
	酸性紫色土	血泥土	359.38	0.74
		血砂泥土	3.69	0.01
	中性紫色土	紫泥土	250.27	0.51
		紫砂泥土	8.95	0.02

2. 五等地属性特征

如图 6.5 所示，贵阳市五等地主要分布在海拔 1000~1500m，占该等地面积的 87.32%；耕层土壤 pH 以 7.5~8.5 为主，占该等地面积的 45.07%；有机质含量以 25~35g/kg 为主，占该等地面积的 54.85%；有效磷含量以 10~20mg/kg 为主，占该等地面积的 49.33%；速效钾含量以 100~150mg/kg 为主，占该等地面积的 38.21%；土壤容重以 1.3~1.4 g/cm³ 为主，占该等地面积的 76.14%。

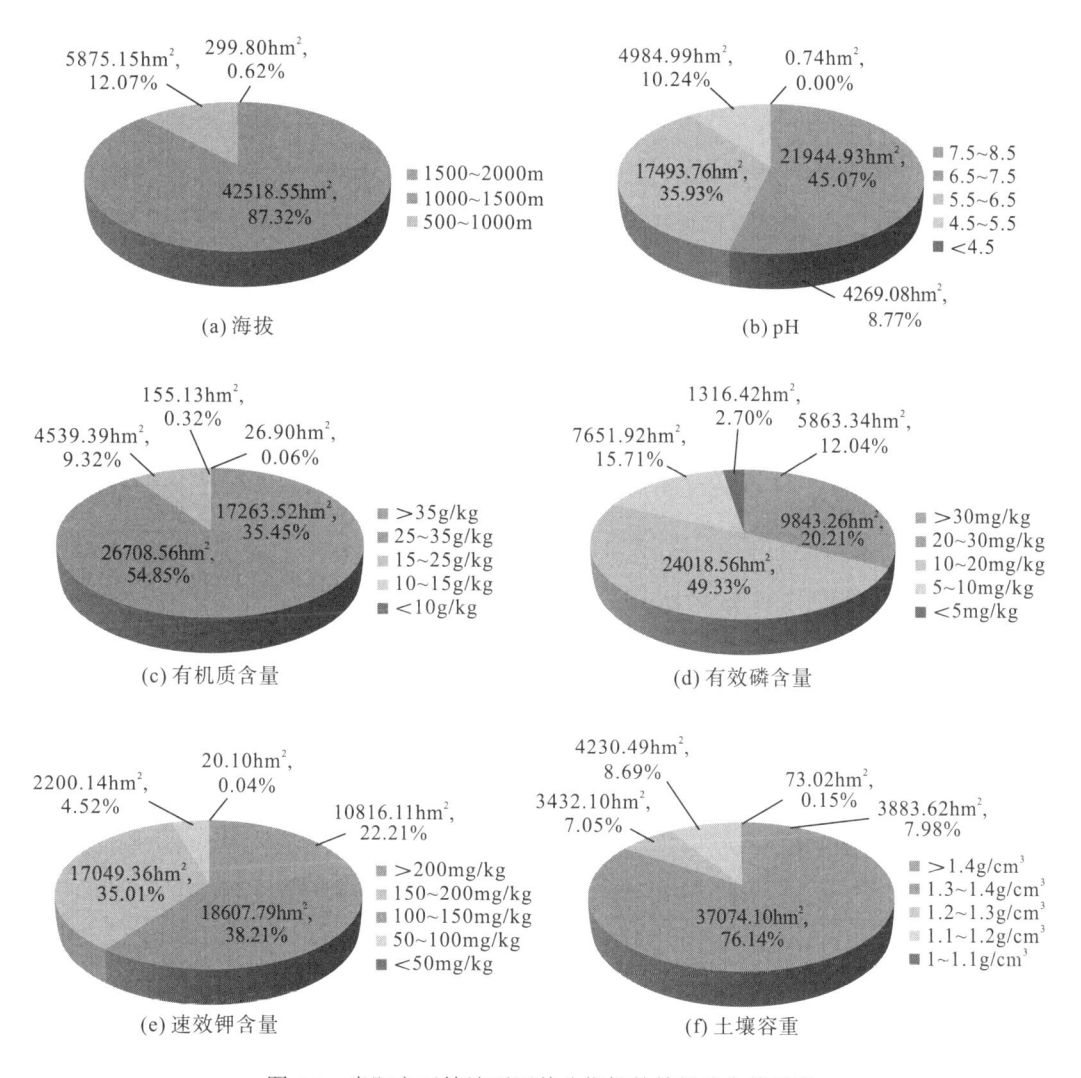

图 6.5 贵阳市五等地不同养分指标的等级分布统计图

3. 各县(市、区)五等地分布特征

在贵阳市五等地中，开阳县和清镇市分布面积最大，分别占贵阳市五等地面积的 28.51%和 21.81%；其次为息烽县和修文县，分别占 18.61%和 11.59%。各县(市、区)五等

地主要分布在旱地中，在水浇地中分布面积极小。花溪区、乌当区五等地分别有 20.88% 和 19.84%为水田(表 6.49)。

表 6.49　各县(市、区)五等地面积分布统计表

县(市、区)	五等地 面积/hm²	占贵阳市五等地面积比例/%	占该县(市、区)耕地面积比例/%	占贵阳市耕地面积比例/%	其中:旱地 面积/hm²	占该县(市、区)五等地面积比例/%	其中:水田 面积/hm²	占该县(市、区)五等地面积比例/%	其中:水浇地 面积/hm²	占该县(市、区)五等地面积比例/%
白云区	1280.62	2.63	33.46	0.69	1115.61	87.11	164.74	12.86	0.27	0.02
观山湖区	739.44	1.52	22.07	0.40	641.84	86.80	97.61	13.20	—	—
花溪区	4624.41	9.50	18.42	2.48	3642.15	78.76	965.45	20.88	16.81	0.36
开阳县	13882.67	28.51	25.54	7.44	12565.96	90.52	1303.27	9.39	13.43	0.10
南明区	611.29	1.25	40.31	0.33	609.32	99.68	0.95	0.15	1.03	0.17
清镇市	10620.73	21.81	27.03	5.69	9615.71	90.54	975.69	9.19	29.34	0.28
乌当区	2107.16	4.33	21.80	1.13	1687.16	80.07	418.05	19.84	1.94	0.09
息烽县	9059.55	18.61	35.93	4.85	8850.37	97.69	204.86	2.26	4.32	0.05
修文县	5641.48	11.59	23.52	3.02	5292.11	93.81	335.40	5.95	13.97	0.25
云岩区	126.13	0.26	30.35	0.07	125.10	99.18	0.27	0.21	0.76	0.60
合计	48693.48	100.00	—	—	44145.33	—	4466.29	—	81.87	—

4. 土壤主要理化性状特征及分布

1)五等地土壤有机质

贵阳市五等地以旱地分布为主，其面积占五等地面积的 90.66%；水田面积占 9.17%；水浇地面积仅占 0.17%。旱地中五等地土壤有机质含量以 25～35g/kg 为主，其面积占五等地面积的 51.83%；其次为大于 35 g/kg，占 30.36%(表 6.50)。

表 6.50　贵阳市五等地土壤有机质分级及面积比例

含量范围/(g/kg)	旱地 面积/hm²	占五等地面积比例/%	水田 面积/hm²	占五等地面积比例/%	水浇地 面积/hm²	占五等地面积比例/%
>35	14784.92	30.36	2467.30	5.07	11.29	0.02
25～35	25236.67	51.83	1412.44	2.90	59.45	0.12
15～25	4042.08	8.30	486.18	1.00	11.13	0.02
10～15	77.05	0.16	78.08	0.16	—	—
<10	4.61	0.01	22.29	0.05	—	—

2)五等地土壤全氮

贵阳市五等地土壤全氮主要分布在旱地中,其中全氮含量以大于 2g/kg 的占比较大,其面积占五等地面积的 46.26%;其次为 1.5~2g/kg,占 36.40%(表 6.51)。

表 6.51 贵阳市五等地土壤全氮分级及面积比例

含量范围 /(g/kg)	旱地 面积/hm²	占五等地面积比例/%	水田 面积/hm²	占五等地面积比例/%	水浇地 面积/hm²	占五等地面积比例/%
>2	22524.87	46.26	3265.34	6.71	31.03	0.06
1.5~2	17722.87	36.40	1080.07	2.22	18.70	0.04
1~1.5	3597.98	7.39	88.91	0.18	19.81	0.04
0.5~1	291.76	0.60	31.63	0.06	12.32	0.03
<0.5	7.86	0.02	0.34	0.00	—	—

3)五等地土壤有效磷

在贵阳市五等地中,旱地土壤有效磷含量以 10~20mg/kg 的区域面积占五等地面积的比例最大,为 44.29%,其次是含量在 20~30mg/kg 和 5~10mg/kg 的区域,面积占比分别为 18.81% 和 14.34%(表 6.52)。

表 6.52 贵阳市五等地土壤有效磷分级及面积比例

含量范围 /(mg/kg)	旱地 面积/hm²	占五等地面积比例/%	水田 面积/hm²	占五等地面积比例/%	水浇地 面积/hm²	占五等地面积比例/%
>30	5269.52	10.82	591.01	1.21	2.80	0.01
20~30	9158.11	18.81	672.74	1.38	12.41	0.03
10~20	21567.32	44.29	2432.11	4.99	19.13	0.04
5~10	6981.23	14.34	639.34	1.31	31.36	0.06
<5	1169.16	2.40	131.09	0.27	16.17	0.03

4)五等地土壤速效钾

在贵阳市五等地中,旱地土壤速效钾含量在 100~150mg/kg 和 150~200mg/kg 的区域面积占比较大,分别占五等地面积的 35.46% 和 32.08%;其次为含量大于 200mg/kg 的区域,面积占比为 19.01%(表 6.53)。

表 6.53 贵阳市五等地土壤速效钾分级及面积比例

含量范围 /(mg/kg)	旱地 面积/hm²	占五等地面积比例/%	水田 面积/hm²	占五等地面积比例/%	水浇地 面积/hm²	占五等地面积比例/%
>200	9255.28	19.01	1538.06	3.16	22.77	0.05
150~200	15619.92	32.08	1405.27	2.89	24.16	0.05

续表

含量范围/(mg/kg)	旱地		水田		水浇地	
	面积/hm²	占五等地面积比例/%	面积/hm²	占五等地面积比例/%	面积/hm²	占五等地面积比例/%
100~150	17266.84	35.46	1316.89	2.70	24.06	0.05
50~100	1997.28	4.10	191.97	0.39	10.88	0.02
<50	6.01	0.01	14.09	0.03	—	—

5)五等地土壤pH

贵阳市五等地中旱地土壤pH以7.5~8.5占比最大,为43.23%;其次为5.5~6.5,占比为31.64%(表6.54)。

表6.54 贵阳市五等地土壤pH分级及面积比例

pH范围	旱地		水田		水浇地	
	面积/hm²	占五等地面积比例/%	面积/hm²	占五等地面积比例/%	面积/hm²	占五等地面积比例/%
7.5~8.5	21052.00	43.23	878.42	1.80	14.51	0.03
6.5~7.5	3394.15	6.97	857.22	1.76	17.72	0.04
5.5~6.5	15407.65	31.64	2056.27	4.22	29.85	0.06
4.5~5.5	4291.55	8.81	673.64	1.38	19.80	0.04
<4.5	—	—	0.74	0.00	—	—

6)五等地耕地坡度

在贵阳市五等地中,旱地耕地坡度以6°~15°占比最大,占五等地面积的52.75%;其次为15°~25°,占24.30%(表6.55)。

表6.55 贵阳市五等地耕地坡度级分级及面积比例

耕地坡度	旱地		水田		水浇地	
	面积/hm²	占五等地面积比例/%	面积/hm²	占五等地面积比例/%	面积/hm²	占五等地面积比例/%
>25°	2534.09	5.20	98.81	0.20	—	—
15°~25°	11831.93	24.30	353.89	0.73	0.68	0.00
6°~15°	25687.47	52.75	2228.17	4.58	22.95	0.05
2°~6°	3402.15	6.99	1313.39	2.70	56.20	0.12
≤2°	689.71	1.42	472.02	0.97	2.04	0.00

7)五等地土层厚度

贵阳市五等地中旱地土层厚度以70~90cm为主,其面积占五等地面积的76.03%;其次为大于90cm,占10.37%(表6.56)。

第6章 耕地地力等级分析

表 6.56 贵阳市五等地土层厚度分级及面积比例

土层厚度 /cm	旱地 面积/hm²	占五等地面积比例/%	水田 面积/hm²	占五等地面积比例/%	水浇地 面积/hm²	占五等地面积比例/%
>90	5050.14	10.37	803.16	1.65	34.33	0.07
70~90	37019.56	76.03	3186.11	6.54	46.42	0.10
50~70	2075.64	4.26	477.01	0.98	1.12	0.00

8) 五等地地形部位

贵阳市五等地中旱地地形部位以丘陵中部和山地坡中为主，其面积分别占五等地面积的 39.81%和 34.99%（表 6.57）。

表 6.57 贵阳市五等地地形部位分布及面积比例

地形部位	旱地 面积/hm²	占五等地面积比例/%	水田 面积/hm²	占五等地面积比例/%	水浇地 面积/hm²	占五等地面积比例/%
丘陵上部	887.02	1.82	10.33	0.02	1.69	0.00
丘陵下部	3383.85	6.95	1310.91	2.69	36.38	0.07
丘陵中部	19383.52	39.81	742.78	1.53	29.96	0.06
山地坡上	264.33	0.54	11.74	0.02	—	—
山地坡中	17035.54	34.99	873.12	1.79	4.79	0.01
山地坡下	3190.79	6.55	1439.24	2.96	9.04	0.02
山间盆地	0.29	0.00	78.16	0.16	—	—

9) 五等地耕层质地

贵阳市五等地中旱地耕层质地以中壤为主，其面积占五等地面积的 78.42%（表 6.58）。

表 6.58 贵阳市五等地耕层质地分布及面积比例

耕层质地	旱地 面积/hm²	占五等地面积比例/%	水田 面积/hm²	占五等地面积比例/%	水浇地 面积/hm²	占五等地面积比例/%
砂土	1.37	0.00	—	—	—	—
砂壤	4035.22	8.29	53.99	0.11	52.07	0.11
轻壤	946.09	1.94	492.11	1.01	0.66	0.00
中壤	38183.77	78.42	66.37	0.14	25.16	0.05
重壤	688.43	1.41	518.98	1.07	1.63	0.00
黏土	290.45	0.60	3334.84	6.85	2.34	0.00

6.2.6 六等地耕地质量特征

1. 六等地分布特征

贵阳市六等地土属主要是黄砂泥土、大泥土和黑岩泥土,其面积分别占该等地面积的26.30%、21.02%和15.05%(表6.59)。

表6.59 贵阳市六等地在主要土壤类型中的分布状况

土类	亚类	土属	面积/hm²	占六等地面积比例/%
潮土	潮土	潮砂泥土	15.82	0.06
粗骨土	酸性粗骨土	砾石黄泥土	134.86	0.52
黄壤	黄壤	黄泥土	2825.18	10.91
		黄砂泥土	6808.20	26.30
		黄砂土	253.73	0.98
		黄黏泥土	1132.04	4.37
	黄壤性土	幼黄泥土	37.63	0.15
		幼黄砂泥土	1.13	0.00
	漂洗黄壤	白散土	0.40	0.00
		白鳝泥土	128.49	0.50
		白黏土	25.01	0.10
黄棕壤	暗黄棕壤	大灰泡土	507.92	1.96
		灰泥土	155.15	0.60
		灰泡泥土	303.55	1.17
石灰土	黑色石灰土	黑岩泥土	3896.12	15.05
	红色石灰土	红大泥土	10.25	0.04
	黄色石灰土	大泥土	5440.35	21.02
	棕色石灰土	棕大泥土	91.53	0.35
水稻土	漂洗型水稻土	白胶泥田	316.27	1.22
		白砂田	197.57	0.76
		白鳝泥田	80.06	0.31
	潜育型水稻土	烂锈田	628.48	2.43
		冷浸田	962.70	3.72
		马粪田	19.11	0.07
		青黄泥田	33.77	0.13
		鸭屎泥田	326.82	1.26
	渗育型水稻土	潮砂泥田	7.77	0.03
		黄泥田	126.86	0.49
		煤锈水田	152.40	0.59

续表

土类	亚类	土属	面积/hm²	占六等地面积比例/%
水稻土	脱潜型水稻土	干鸭屎泥田	16.87	0.07
	淹育型水稻土	大土泥田	68.42	0.26
		幼黄泥田	316.15	1.22
		幼血肝泥田	2.96	0.01
	潴育型水稻土	冷水田	43.04	0.17
紫色土	石灰性紫色土	大紫泥土	110.76	0.43
		大紫砂泥土	48.38	0.19
	酸性紫色土	血泥土	293.21	1.13
		血砂泥土	14.92	0.06
	中性紫色土	紫泥土	348.47	1.35
		紫砂泥土	4.10	0.02

2. 六等地属性特征

如图 6.6 所示，贵阳市六等地主要分布在海拔 1000～1500m，占该等地面积的 83.81%；耕层土壤 pH 以 7.5～8.5 为主，占该等地面积的 38.95%；有机质含量以 25～35g/kg 为主，占该等地面积的 43.74%；有效磷含量以 10～20mg/kg 为主，占该等地面积的 40.99%；速效钾含量以 100～150mg/kg 为主，占该等地面积的 34.77%；土壤容重以 1.4g/cm³ 以上为主，占该等地面积的 35.78%。

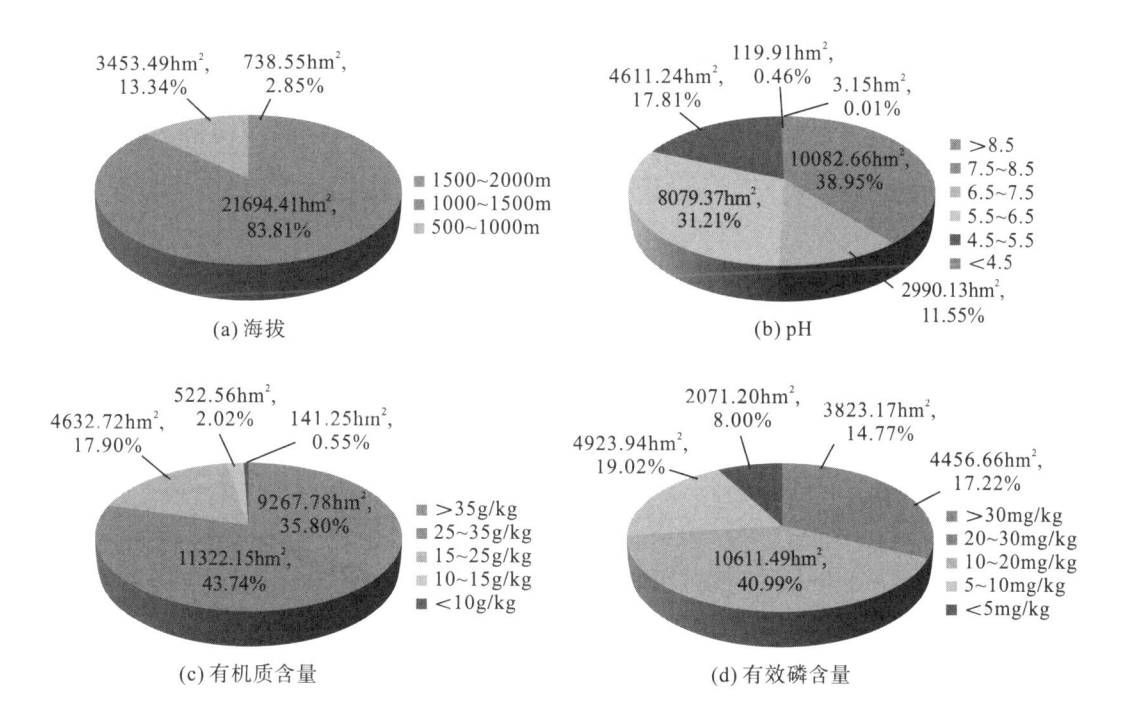

(a) 海拔

(b) pH

(c) 有机质含量

(d) 有效磷含量

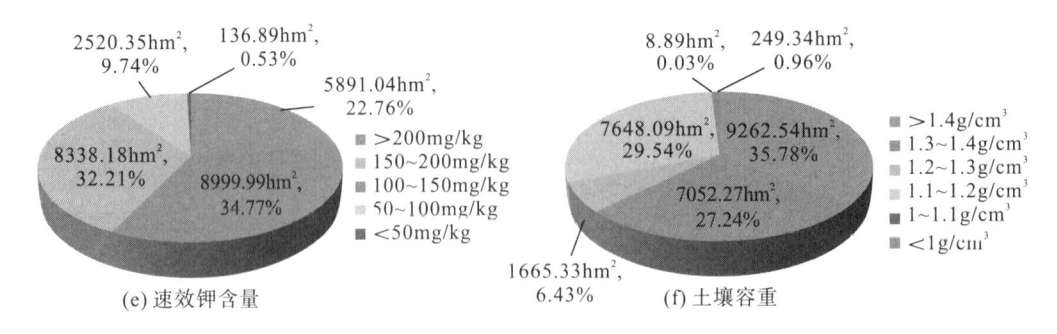

(e) 速效钾含量: 2520.35hm², 9.74%; 136.89hm², 0.53%; 5891.04hm², 22.76%; 8338.18hm², 32.21%; 8999.99hm², 34.77%
图例: >200mg/kg, 150~200mg/kg, 100~150mg/kg, 50~100mg/kg, <50mg/kg

(f) 土壤容重: 8.89hm², 0.03%; 249.34hm², 0.96%; 7648.09hm², 29.54%; 9262.54hm², 35.78%; 7052.27hm², 27.24%; 1665.33hm², 6.43%
图例: >1.4g/cm³, 1.3~1.4g/cm³, 1.2~1.3g/cm³, 1.1~1.2g/cm³, 1~1.1g/cm³, <1g/cm³

图 6.6 贵阳市六等地不同养分指标的等级分布统计图

3. 各县(市、区)六等地分布特征

在贵阳市六等地中，清镇市和开阳县分布面积较大，分别占贵阳市六等地面积的 22.01%和 21.73%；其次为息烽县、修文县和花溪区，分别占 18.89%、13.86%和 11.40%。各县(市、区)六等地主要分布在旱地中，在旱地中的分布占比皆在 70%以上；其次为水田分布，其中花溪区、清镇市、白云区分别有 25.44%、18.24%和 18.15%为水田。整体在水浇地中分布面积极小(表 6.60)。

表 6.60 各县(市、区)六等地面积分布统计表

县(市、区)	六等地 面积/hm²	占贵阳市六等地面积比例/%	占该县(市、区)耕地面积比例/%	占贵阳市耕地面积比例/%	其中:旱地 面积/hm²	占该县(市、区)六等地面积比例/%	其中:水田 面积/hm²	占该县(市、区)六等地面积比例/%	其中:水浇地 面积/hm²	占该县(市、区)六等地面积比例/%
白云区	246.07	0.95	6.43	0.13	201.41	81.85	44.66	18.15	—	—
观山湖区	836.36	3.23	24.97	0.45	695.75	83.19	139.86	16.72	0.75	0.09
花溪区	2950.41	11.40	11.75	1.58	2193.49	74.35	750.46	25.44	6.46	0.22
开阳县	5624.96	21.73	10.35	3.01	4741.88	84.30	877.86	15.61	5.23	0.09
南明区	182.36	0.71	12.03	0.10	178.21	97.73	4.01	2.20	0.14	0.07
清镇市	5697.59	22.01	14.50	3.05	4643.33	81.50	1039.22	18.24	15.04	0.26
乌当区	1742.73	6.73	18.03	0.93	1494.91	85.78	246.92	14.17	0.90	0.05
息烽县	4891.20	18.89	19.40	2.62	4810.45	98.35	67.53	1.38	13.23	0.27
修文县	3587.70	13.86	14.96	1.92	3456.16	96.33	129.70	3.62	1.84	0.05
云岩区	127.08	0.49	30.58	0.07	125.33	98.62	0.75	0.59	1.00	0.79
合计	25886.46	100.00	—	—	22540.92	—	3300.97	—	44.59	—

4. 土壤主要理化性状特征及分布

1) 六等地土壤有机质

贵阳市六等地以旱地分布为主，旱地面积占六等地面积的 87.08%；水田占 12.75%；

水浇地仅占 0.17%。旱地中六等地土壤有机质含量以 25～35g/kg 为主，占六等地面积的 39.36%；其次为大于 35g/kg，占 29.47%（表 6.61）。

表 6.61　贵阳市六等地土壤有机质分级及面积比例

含量范围 /(g/kg)	旱地 面积/hm²	占六等地面积比例/%	水田 面积/hm²	占六等地面积比例/%	水浇地 面积/hm²	占六等地面积比例/%
>35	7627.65	29.47	1631.49	6.30	8.64	0.03
25～35	10189.07	39.36	1111.76	4.29	21.32	0.08
15～25	4118.06	15.91	500.05	1.93	14.62	0.06
10～15	466.31	1.80	56.25	0.22	—	—
<10	139.82	0.54	1.43	0.01	—	—

2）六等地土壤全氮

贵阳市六等地中，土壤全氮含量以大于 2g/kg 的区域面积占比较大，占六等地面积的 42.51%；其次为含量 1.5～2g/kg 的区域，面积占比为 31.27%（表 6.62）。

表 6.62　贵阳市六等地土壤全氮分级及面积比例

含量范围 /(g/kg)	旱地 面积/hm²	占六等地面积比例/%	水田 面积/hm²	占六等地面积比例/%	水浇地 面积/hm²	占六等地面积比例/%
>2	11003.68	42.51	2226.00	8.60	30.45	0.12
1.5～2	8094.10	31.27	889.44	3.44	12.26	0.05
1～1.5	3235.42	12.50	157.91	0.61	1.77	0.01
0.5～1	199.68	0.77	22.50	0.09	0.10	0.00
<0.5	8.04	0.03	5.12	0.02	—	—

3）六等地土壤有效磷

贵阳市六等地中，土壤有效磷含量以 10～20mg/kg 的区域面积占比最大，占六等地面积的 34.79%，其次为含量 5～10mg/kg、20～30mg/kg 和大于 30mg/kg 的区域，面积占比分别为 16.40%、15.25%和 13.72%（表 6.63）。

表 6.63　贵阳市六等地土壤有效磷分级及面积比例

含量范围 /(mg/kg)	旱地 面积/hm²	占六等地面积比例/%	水田 面积/hm²	占六等地面积比例/%	水浇地 面积/hm²	占六等地面积比例/%
>30	3552.73	13.72	268.32	1.04	2.12	0.01
20～30	3948.24	15.25	492.47	1.90	15.95	0.06
10～20	9006.20	34.79	1587.41	6.13	17.89	0.07

续表

含量范围/(mg/kg)	旱地 面积/hm²	占六等地面积比例/%	水田 面积/hm²	占六等地面积比例/%	水浇地 面积/hm²	占六等地面积比例/%
5~10	4245.55	16.40	675.53	2.61	2.86	0.01
<5	1788.19	6.91	277.25	1.07	5.76	0.02

4）六等地土壤速效钾

贵阳市六等地中，土壤速效钾含量为100~150mg/kg和150~200mg/kg的区域面积占比较大，分别占六等地面积的29.14%和28.59%；其次为含量大于200mg/kg的区域，面积占比为19.92%（表6.64）。

表6.64　贵阳市六等地土壤速效钾分级及面积比例

含量范围/(mg/kg)	旱地 面积/hm²	占六等地面积比例/%	水田 面积/hm²	占六等地面积比例/%	水浇地 面积/hm²	占六等地面积比例/%
>200	5155.72	19.92	727.93	2.81	7.39	0.03
150~200	7401.79	28.59	909.93	3.52	26.45	0.10
100~150	7543.51	29.14	1451.52	5.61	4.97	0.02
50~100	2308.46	8.92	206.12	0.80	5.77	0.02
<50	131.42	0.51	5.47	0.02	—	—

5）六等地土壤pH

贵阳市六等地土壤pH以7.5~8.5的占比最大，该区域面积占六等地面积的36.94%；其次为pH 5.5~6.5的区域，面积占比为25.22%（表6.65）。

表6.65　贵阳市六等地土壤pH分级及面积比例

pH范围	旱地 面积/hm²	占六等地面积比例/%	水田 面积/hm²	占六等地面积比例/%	水浇地 面积/hm²	占六等地面积比例/%
>8.5	3.15	0.01	—	—	—	—
7.5~8.5	9562.05	36.94	491.70	1.90	28.91	0.11
6.5~7.5	2689.97	10.39	294.12	1.14	6.04	0.02
5.5~6.5	6528.40	25.22	1543.75	5.96	7.22	0.03
4.5~5.5	3744.44	14.46	864.38	3.34	2.42	0.01
<4.5	12.90	0.05	107.01	0.41	—	—

6）六等地耕地坡度

贵阳市六等地中，旱地耕地坡度以6°~15°的面积占比最大，占六等地面积的48.74%；其次为15°~25°，占22.99%（表6.66）。

表 6.66 贵阳市六等地耕地坡度级分级及面积比例

耕地坡度	旱地 面积/hm²	占六等地面积比例/%	水田 面积/hm²	占六等地面积比例/%	水浇地 面积/hm²	占六等地面积比例/%
>25°	1959.20	7.57	87.15	0.34	0.87	0.00
15°~25°	5951.86	22.99	399.70	1.54	1.45	0.01
6°~15°	12616.03	48.74	1815.31	7.01	11.99	0.05
2°~6°	1748.24	6.75	825.24	3.19	25.03	0.10
≤2°	265.58	1.03	173.57	0.67	5.24	0.02

7) 六等地土层厚度

贵阳市六等地土层厚度以 70~90cm 为主，其中旱地土层厚度为 70~90cm 的区域面积占六等地面积的 49.71%；其次为大于 90cm 和 50~70cm，占比分别为 20.93%和 16.43%（表 6.67）。

表 6.67 贵阳市六等地土层厚度分级及面积比例

土层厚度/cm	旱地 面积/hm²	占六等地面积比例/%	水田 面积/hm²	占六等地面积比例/%	水浇地 面积/hm²	占六等地面积比例/%
>90	5418.90	20.93	122.20	0.47	19.29	0.07
70~90	12867.56	49.71	2293.30	8.86	3.50	0.01
50~70	4254.04	16.43	799.00	3.09	21.79	0.08
<50	0.40	0.00	86.47	0.33	—	—

8) 六等地地形部位

贵阳市六等地中旱地地形部位以丘陵中部和山地坡中为主，依次占六等地面积的 38.11%和 36.14%（表 6.68）。

表 6.68 贵阳市六等地地形部位分布及面积比例

地形部位	旱地 面积/hm²	占六等地面积比例/%	水田 面积/hm²	占六等地面积比例/%	水浇地 面积/hm²	占六等地面积比例/%
丘陵上部	602.30	2.33	2.31	0.01	0.35	0.00
丘陵中部	9865.48	38.11	237.36	0.92	12.67	0.05
丘陵下部	1196.41	4.62	639.52	2.47	12.49	0.05
山地坡上	568.01	2.19	7.24	0.03	—	—
山地坡中	9354.24	36.14	848.77	3.28	8.48	0.03
山地坡下	954.47	3.69	1559.70	6.03	10.59	0.04
山间盆地	—	—	6.07	0.02	—	—

9）六等地耕层质地

六等地中旱地耕层质地以砂壤占比较大，占六等地面积的 30.88%；其次为中壤和重壤，占比依次为 24.80% 和 20.70%（表 6.69）。

表 6.69　贵阳市六等地耕层质地分布及面积比例

耕层质地	旱地 面积/hm²	占六等地面积比例/%	水田 面积/hm²	占六等地面积比例/%	水浇地 面积/hm²	占六等地面积比例/%
砂土	16.65	0.06	—	—	0.07	0.00
砂壤	7994.72	30.88	299.42	1.16	5.56	0.02
轻壤	496.78	1.92	172.71	0.67	—	—
中壤	6420.92	24.80	0.70	0.00	2.66	0.01
重壤	5358.79	20.70	124.87	0.48	21.68	0.08
黏土	2253.04	8.70	2703.27	10.44	14.61	0.06

6.2.7　七等地耕地质量特征

1. 七等地分布特征

贵阳市七等地土属主要是黑岩泥土和黄砂土，其面积分别占该等地面积的 24.62% 和 22.55%；其次是黄黏泥土和砾石黄泥土，其面积分别占该等地面积的 12.78% 和 11.78%（表 6.70）。

表 6.70　贵阳市七等地在主要土壤类型中的分布状况

土类	亚类	土属	面积/hm²	占七等地面积比例/%
潮土	潮土	潮砂泥土	91.36	0.55
粗骨土	钙质粗骨土	白云砂土	14.00	0.08
粗骨土	酸性粗骨土	砾石黄泥土	1950.28	11.78
黄壤	黄壤	黄泥土	879.04	5.31
黄壤	黄壤	黄砂泥土	1278.35	7.72
黄壤	黄壤	黄砂土	3734.41	22.55
黄壤	黄壤	黄黏泥土	2116.55	12.78
黄壤	黄壤性土	幼黄泥土	382.13	2.31
黄壤	黄壤性土	幼黄砂泥土	61.33	0.37
黄壤	黄壤性土	幼黄砂土	7.20	0.04
黄壤	漂洗黄壤	白泥土	27.32	0.16
黄壤	漂洗黄壤	白散土	2.16	0.01
黄壤	漂洗黄壤	白黏土	38.04	0.23

续表

土类	亚类	土属	面积/hm²	占七等地面积比例/%
黄棕壤	暗黄棕壤	大灰泡土	22.45	0.14
		灰泥土	17.93	0.11
		灰泡泥土	3.28	0.02
		灰泡砂土	2.51	0.02
石灰土	黑色石灰土	黑岩泥土	4077.62	24.62
	黄色石灰土	大泥土	488.39	2.95
	棕色石灰土	棕大泥土	1.20	0.01
水稻土	漂洗型水稻土	白胶泥田	3.69	0.02
		白砂田	14.71	0.09
		白鳝泥田	36.15	0.22
	潜育型水稻土	烂锈田	13.22	0.08
		冷浸田	48.25	0.29
		马粪田	2.21	0.01
		鸭屎泥田	57.50	0.35
	渗育型水稻土	黄泥田	3.86	0.02
		煤锈水田	179.90	1.09
	淹育型水稻土	幼黄泥田	122.40	0.74
紫色土	石灰性紫色土	大紫泥土	36.12	0.22
		大紫砂泥土	31.56	0.19
	酸性紫色土	血泥土	28.66	0.17
		血砂泥土	228.43	1.38
	中性紫色土	紫泥土	6.35	0.04
		紫砂泥土	552.21	3.33

2. 七等地属性特征

如图 6.7 所示，贵阳市七等地主要分布在海拔 1000~1500m 处，该区域面积占该等地面积的 83.42%；耕层土壤 pH 以 5.5~6.5 为主，占该等地面积的 43.13%；有机质含量以 25~35g/kg 为主，占该等地面积的 47.37%；有效磷含量以 10~20mg/kg 为主，占该等地面积的 47.38%；速效钾含量以 150~200mg/kg 为主，占该等地面积的 39.92%；土壤容重以 1.4g/cm³ 以上为主，占该等地面积的 58.27%。

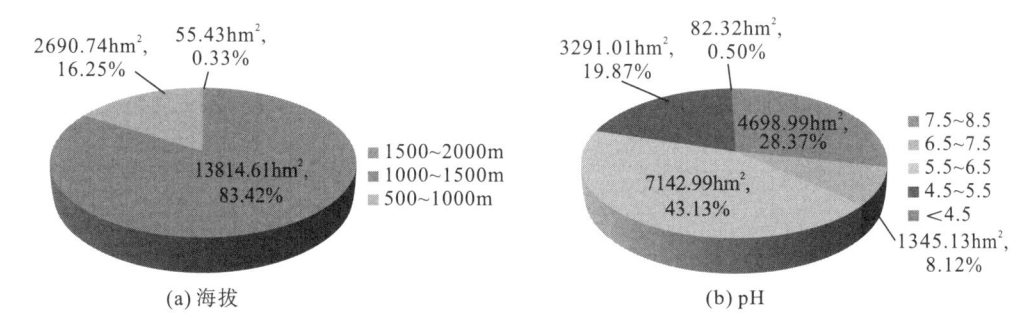

(a) 海拔

- 2690.74hm², 16.25% — 1500~2000m
- 13814.61hm², 83.42% — 1000~1500m
- 55.43hm², 0.33% — 500~1000m

(b) pH

- 82.32hm², 0.50% — 7.5~8.5
- 3291.01hm², 19.87% — 6.5~7.5
- 7142.99hm², 43.13% — 5.5~6.5
- 4698.99hm², 28.37% — 4.5~5.5
- 1345.13hm², 8.12% — <4.5

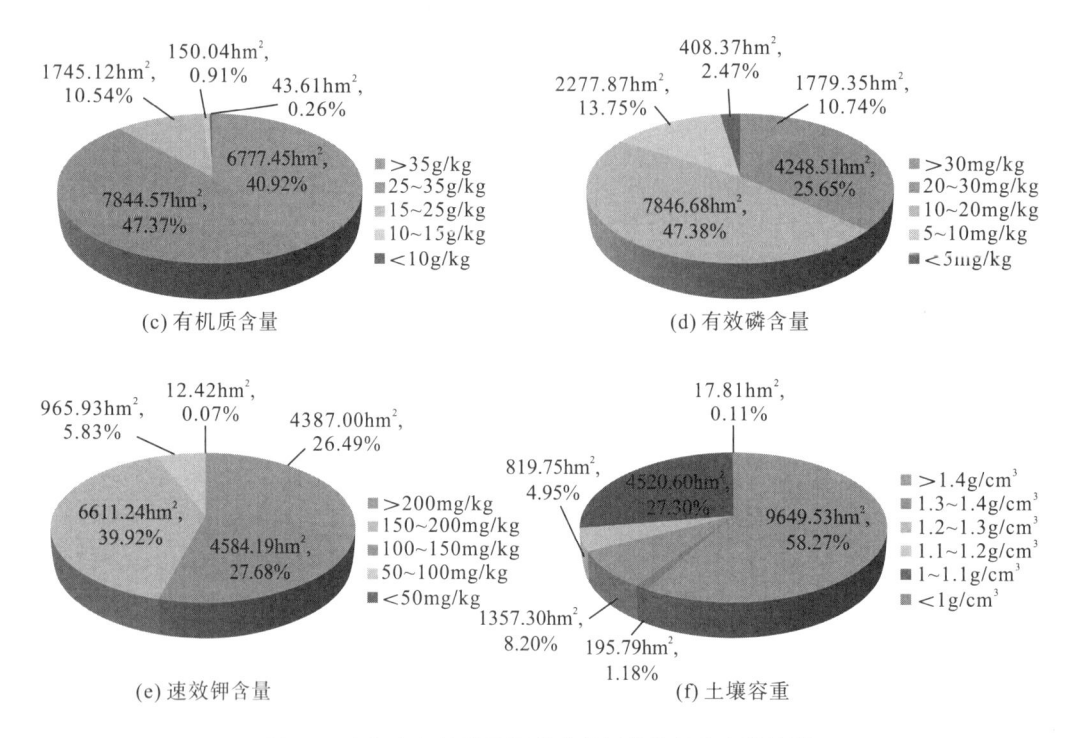

图 6.7 贵阳市七等地不同养分指标的等级分布统计图

3. 各县(市、区)七等地分布特征

贵阳市七等地中,开阳县和清镇市分布面积较大,分别占贵阳市七等地面积的 32.89% 和 31.17%。各县(市、区)中,七等地以旱地分布为主。其中南明区七等地有 60.65%分布在旱地中,有 39.35%分布在水田中。仅开阳县、清镇市、乌当区和修文县七等地有少量分布在水浇地中(表 6.71)。

表 6.71 各县(市、区)七等地面积分布统计表

县(市、区)	七等地 面积/hm²	占贵阳市七等地面积比例/%	占该县(市、区)耕地面积比例/%	占贵阳市耕地面积比例/%	其中:旱地 面积/hm²	占该县(市、区)七等地面积比例/%	其中:水田 面积/hm²	占该县(市、区)七等地面积比例/%	其中:水浇地 面积/hm²	占该县(市、区)七等地面积比例/%
白云区	229.71	1.39	6.00	0.12	226.03	98.39	3.69	1.61	—	—
观山湖区	261.69	1.58	7.81	0.14	236.08	90.21	25.61	9.79	—	—
花溪区	1437.60	8.68	5.73	0.77	1356.87	94.38	80.73	5.62	—	—
开阳县	5447.60	32.89	10.02	2.92	5402.00	99.16	40.58	0.74	5.02	0.09
南明区	55.49	0.34	3.66	0.03	33.65	60.65	21.84	39.35	—	—
清镇市	5162.28	31.17	13.14	2.76	5118.57	99.15	38.70	0.75	5.01	0.10
乌当区	980.74	5.92	10.14	0.53	886.14	90.35	94.40	9.63	0.19	0.02
息烽县	1549.91	9.36	6.15	0.83	1433.63	92.50	116.28	7.50	—	—

续表

县(市、区)	七等地 面积/hm²	占贵阳市七等地面积比例/%	占该县(市、区)耕地面积比例/%	占贵阳市耕地面积比例/%	其中：旱地 面积/hm²	占该县(市、区)七等地面积比例/%	其中：水田 面积/hm²	占该县(市、区)七等地面积比例/%	其中：水浇地 面积/hm²	占该县(市、区)七等地面积比例/%
修文县	1418.94	8.57	5.92	0.76	1356.73	95.62	61.30	4.32	0.91	0.06
云岩区	16.80	0.10	4.04	0.01	16.80	100.00	—	—	—	—
合计	16560.78	100.00	—	—	16066.50	—	483.15	—	11.13	—

4. 土壤主要理化性状特征及分布

1) 七等地土壤有机质

贵阳市七等地主要分布在旱地中，占七等地面积的 97.01%；水田中占 2.91%；水浇地中仅占 0.08%。旱地中七等地土壤有机质含量以 25～35g/kg 为主，其面积占七等地面积的 46.62%；其次为大于 35g/kg，占 39.70%（表 6.72）。

表 6.72　贵阳市七等地土壤有机质分级及面积比例

含量范围/(g/kg)	旱地 面积/hm²	占七等地面积比例/%	水田 面积/hm²	占七等地面积比例/%	水浇地 面积/hm²	占七等地面积比例/%
>35	6575.36	39.70	200.99	1.21	1.09	0.01
25～35	7720.35	46.62	115.79	0.70	8.43	0.05
15～25	1614.40	9.75	129.11	0.78	1.62	0.01
10～15	114.85	0.69	35.19	0.21	—	—
<10	41.55	0.25	2.06	0.01	—	—

2) 七等地土壤全氮

贵阳市七等地土壤全氮主要分布在旱地中，其中以含量大于 2g/kg 的区域面积占比较大，占七等地面积的 57.94%；其次为含量 1.5～2g/kg 的区域，面积占比为 31.08%（表 6.73）。

表 6.73　贵阳市七等地土壤全氮分级及面积比例

含量范围/(g/kg)	旱地 面积/hm²	占七等地面积比例/%	水田 面积/hm²	占七等地面积比例/%	水浇地 面积/hm²	占七等地面积比例/%
>2	9594.72	57.94	363.27	2.19	4.86	0.03
1.5～2	5146.64	31.08	101.71	0.61	6.17	0.04
1～1.5	1225.37	7.40	14.23	0.09	0.10	0.00
0.5～1	93.68	0.57	2.93	0.02	—	—
<0.5	6.10	0.04	1.00	0.01	—	—

3) 七等地土壤有效磷

贵阳市七等地土壤有效磷主要分布在旱地中,其中以含量10～20mg/kg占比最大,其面积占七等地面积的45.41%;其次为含量20～30mg/kg,面积占比为25.45%(表6.74)。

表6.74 贵阳市七等地土壤有效磷分级及面积比例

含量范围 /(mg/kg)	旱地 面积/hm²	占七等地面积比例/%	水田 面积/hm²	占七等地面积比例/%	水浇地 面积/hm²	占七等地面积比例/%
>30	1777.63	10.73	0.75	0.00	0.97	0.01
20～30	4214.05	25.45	29.81	0.18	4.65	0.03
10～20	7520.41	45.41	324.06	1.96	2.21	0.01
5～10	2168.89	13.10	105.67	0.64	3.30	0.02
<5	385.52	2.33	22.85	0.14	—	—

4) 七等地土壤速效钾

贵阳市七等地土壤速效钾主要分布在旱地中,其中以含量150～200mg/kg占比最大,其面积占七等地面积的39.54%;其次为含量大于200mg/kg和100～150mg/kg,面积占比分别为26.14%和25.69%(表6.75)。

表6.75 贵阳市七等地土壤速效钾分级及面积比例

含量范围 /(mg/kg)	旱地 面积/hm²	占七等地面积比例/%	水田 面积/hm²	占七等地面积比例/%	水浇地 面积/hm²	占七等地面积比例/%
>200	4329.34	26.14	57.15	0.35	0.51	0.00
150～200	6548.75	39.54	54.79	0.33	7.70	0.05
100～150	4254.74	25.69	326.53	1.97	2.92	0.02
50～100	921.26	5.56	44.67	0.27	—	—
<50	12.42	0.07	—	—	—	—

5) 七等地土壤pH

贵阳市七等地中旱地土壤pH以5.5～6.5的占比最大,为42.75%;其次为7.5～8.5,占比为28.00%(表6.76)。

表6.76 贵阳市七等地土壤pH分级及面积比例

pH范围	旱地 面积/hm²	占七等地面积比例/%	水田 面积/hm²	占七等地面积比例/%	水浇地 面积/hm²	占七等地面积比例/%
>8.5	0.35	0.00	—	—	—	—
7.5～8.5	4637.27	28.00	61.71	0.37	—	—

续表

pH 范围	旱地		水田		水浇地	
	面积/hm²	占七等地面积比例/%	面积/hm²	占七等地面积比例/%	面积/hm²	占七等地面积比例/%
6.5~7.5	1335.92	8.07	4.19	0.03	5.02	0.03
5.5~6.5	7079.42	42.75	59.96	0.36	3.61	0.02
4.5~5.5	2984.09	18.02	304.41	1.84	2.51	0.02
<4.5	29.45	0.18	52.88	0.32	—	—

6) 七等地耕地坡度

贵阳市七等地在旱地中的耕地坡度以 6°~15°占比最大，其面积占七等地面积的 49.05%；其次为 15°~25°，占 30.50%（表 6.77）。

表 6.77　贵阳市七等地耕地坡度级分级及面积比例

耕地坡度	旱地		水田		水浇地	
	面积/hm²	占七等地面积比例/%	面积/hm²	占七等地面积比例/%	面积/hm²	占七等地面积比例/%
>25°	1390.46	8.40	13.73	0.08	0.05	0.00
15°~25°	5050.88	30.50	58.49	0.35	0.70	0.00
6°~15°	8123.82	49.05	284.23	1.72	3.30	0.02
2°~6°	1215.30	7.34	104.38	0.63	6.59	0.04
≤2°	286.04	1.73	22.31	0.13	0.49	0.00

7) 七等地土层厚度

贵阳市七等地主要分布在旱地中，其土层厚度以 50~70cm 为主，区域面积占七等地面积的 69.19%；其次为 70~90cm，占比为 18.94%（表 6.78）。

表 6.78　贵阳市七等地土层厚度分级及面积比例

土层厚度/cm	旱地		水田		水浇地	
	面积/hm²	占七等地面积比例/%	面积/hm²	占七等地面积比例/%	面积/hm²	占七等地面积比例/%
>90	1130.81	6.83	—	—	—	—
70~90	3137.43	18.94	205.38	1.24	1.48	0.01
50~70	11458.67	69.19	235.25	1.42	7.43	0.04
<50	339.59	2.05	42.52	0.26	2.22	0.01

8) 七等地地形部位

贵阳市七等地主要分布在旱地中，其地形部位以山地坡中和丘陵中部为主，区域面积分别占七等地面积的 45.95%和 42.51%（表 6.79）。

表 6.79　贵阳市七等地地形部位分布及面积比例

地形部位	旱地 面积/hm²	占七等地面积比例/%	水田 面积/hm²	占七等地面积比例/%	水浇地 面积/hm²	占七等地面积比例/%
丘陵上部	474.09	2.86	—	—	—	—
丘陵中部	7039.98	42.51	104.63	0.63	1.43	0.01
丘陵下部	303.28	1.83	104.75	0.63	—	—
山地坡上	477.28	2.88	11.36	0.07	—	—
山地坡中	7610.08	45.95	172.01	1.04	9.51	0.06
山地坡下	161.79	0.98	90.40	0.55	0.19	0.00

9）七等地耕层质地

贵阳市七等地主要分布在旱地中，其耕层质地以砂土和重壤占比较大，区域面积依次占七等地面积的 35.66% 和 34.04%；其次为黏土，占比为 22.70%（表 6.80）。

表 6.80　贵阳市七等地耕层质地分布及面积比例

耕层质地	旱地 面积/hm²	占七等地面积比例/%	水田 面积/hm²	占七等地面积比例/%	水浇地 面积/hm²	占七等地面积比例/%
砂土	5906.01	35.66	0.92	0.01	10.62	0.06
砂壤	637.07	3.85	133.27	0.80	—	—
轻壤	24.29	0.15	3.84	0.02	—	—
中壤	101.47	0.61	—	—	—	—
重壤	5637.69	34.04	—	—	—	—
黏土	3759.98	22.70	345.12	2.08	0.51	0.00

6.2.8　八等地耕地质量特征

1. 八等地分布特征

贵阳市八等地土属主要是黄砂土，其面积占该等地面积的 44.38%；其次是砾石黄泥土和黄黏泥土，其面积分别占该等地面积的 13.41% 和 8.10%（表 6.81）。

表 6.81　八等地在主要土壤类型中的分布状况

土类	亚类	土属	面积/hm²	占八等地面积比例/%
潮土	潮土	潮砂泥土	78.10	0.80
粗骨土	钙质粗骨土	白云砂土	333.30	3.40
	酸性粗骨土	砾石黄泥土	1312.88	13.41

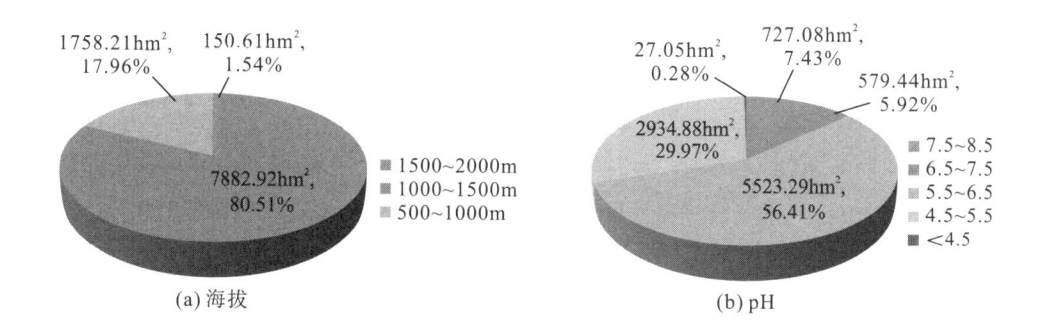

续表

土类	亚类	土属	面积/hm²	占八等地面积比例/%
黄壤	黄壤	黄泥土	554.99	5.67
		黄砂泥土	424.65	4.34
		黄砂土	4345.46	44.38
		黄黏泥土	792.78	8.10
	黄壤性土	幼黄泥土	54.28	0.55
		幼黄砂泥土	1.17	0.01
		幼黄砂土	426.52	4.36
	漂洗黄壤	白散土	143.26	1.46
黄棕壤	暗黄棕壤	灰泥土	6.18	0.06
		灰泡砂土	401.89	4.10
石灰土	黑色石灰土	黑岩泥土	257.25	2.63
	黄色石灰土	大泥土	134.24	1.37
水稻土	渗育型水稻土	煤锈水田	4.95	0.05
	淹育型水稻土	幼黄泥田	4.23	0.04
新积土	新积土	山洪潮砂土	10.99	0.11
紫色土	石灰性紫色土	大紫泥土	2.28	0.02
	酸性紫色土	血砂泥土	408.50	4.17
	中性紫色土	紫砂泥土	93.84	0.96

2. 八等地属性特征

如图 6.8 所示，贵阳市八等地主要分布在海拔 1000～1500m 处，占该等地面积的 80.51%；耕层土壤 pH 以 5.5～6.5 为主，占该等地面积的 56.41%；有机质含量以 25～35g/kg 为主，占该等地面积的 54.27%；有效磷含量以 10～20mg/kg 为主，占该等地面积的 47.59%；速效钾含量以 100～150mg/kg 为主，占该等地面积的 37.90%；土壤容重以 1～1.1g/cm³ 为主，占该等地面积的 56.95%。

(a) 海拔

(b) pH

(c) 有机质含量

1706.36hm², 17.43%
115.09hm², 1.18%
39.29hm², 0.40%
2617.07hm², 26.73%
5313.93hm², 54.27%

- >35g/kg
- 25~35g/kg
- 15~25g/kg
- 10~15g/kg
- <10g/kg

(d) 有效磷含量

490.82hm², 5.01%
693.92hm², 7.09%
1571.21hm², 16.05%
2375.55hm², 24.26%
4460.24hm², 47.59%

- >30mg/kg
- 20~30mg/kg
- 10~20mg/kg
- 5~10mg/kg
- <5mg/kg

(e) 速效钾含量

893.38hm², 9.12%
13.39hm², 0.14%
1784.56hm², 18.23%
3389.75hm², 34.62%
3710.67hm², 37.90%

- >200mg/kg
- 150~200mg/kg
- 100~150mg/kg
- 50~100mg/kg
- <50mg/kg

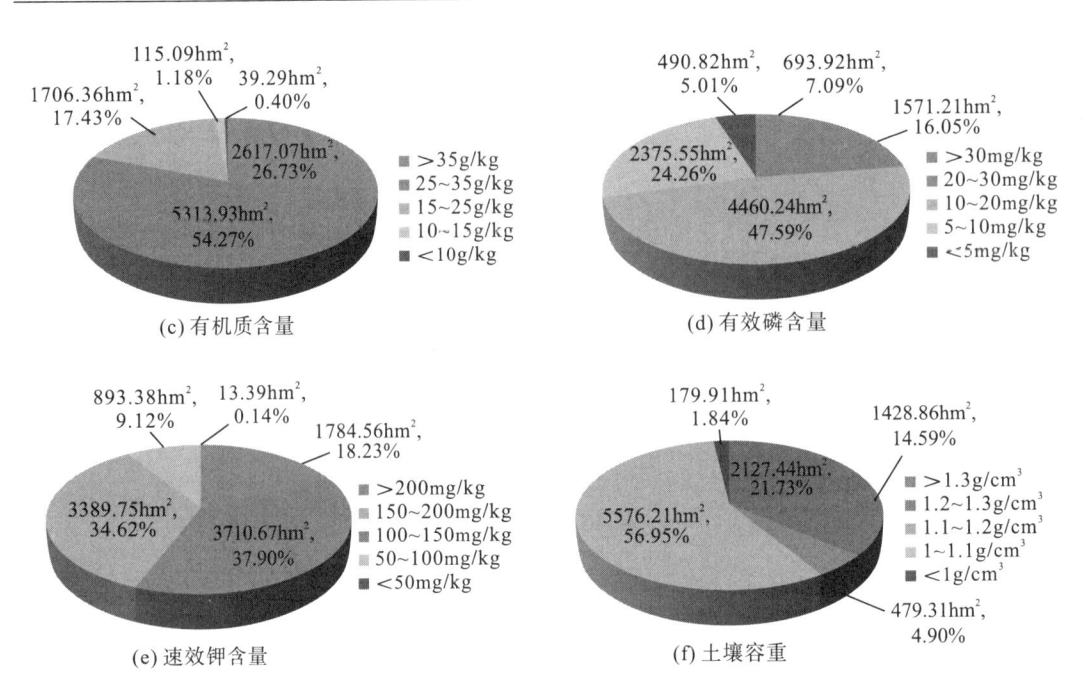

(f) 土壤容重

179.91hm², 1.84%
1428.86hm², 14.59%
2127.44hm², 21.73%
5576.21hm², 56.95%
479.31hm², 4.90%

- >1.3g/cm³
- 1.2~1.3g/cm³
- 1.1~1.2g/cm³
- 1~1.1g/cm³
- <1g/cm³

图 6.8 八等地不同养分指标的等级分布统计图

3. 各县(市、区)八等地分布特征

贵阳市八等地主要分布在旱地中。其中,白云区、花溪区和云岩区八等地全部为旱地,其他区域94%以上为旱地,八等地在水田和水浇地中的分布面积极小(表6.82)。

表6.82 各县(市、区)八等地面积分布统计表

县(市、区)	八等地 面积/hm²	占贵阳市八等地面积比例/%	占该县(市、区)耕地面积比例/%	占贵阳市耕地面积比例/%	其中:旱地 面积/hm²	占该县(市、区)八等面积比例/%	其中:水田 面积/hm²	占该县(市、区)八等面积比例/%	其中:水浇地 面积/hm²	占该县(市、区)八等面积比例/%
白云区	53.24	0.54	1.39	0.03	53.24	100.00	—	—	—	—
观山湖区	245.15	2.50	7.32	0.13	245.06	99.96	—	—	0.10	0.04
花溪区	1236.56	12.63	4.93	0.66	1236.56	100.00	—	—	—	—
开阳县	3203.04	32.71	5.89	1.72	3202.37	99.98	0.07	0.00	0.59	0.02
南明区	26.72	0.27	1.76	0.01	25.24	94.47	0.59	2.23	0.88	3.31
清镇市	3091.00	31.57	7.87	1.66	3087.09	99.87	0.27	0.01	3.64	0.12
乌当区	345.08	3.52	3.57	0.18	341.36	98.92	3.63	1.05	0.09	0.03
息烽县	695.49	7.10	2.76	0.37	691.81	99.47	3.68	0.53	—	—
修文县	893.55	9.13	3.73	0.48	892.13	99.84	1.28	0.14	0.15	0.02
云岩区	1.91	0.02	0.46	0.00	1.91	100.00	—	—	—	—
合计	9791.74	100.00	—	—	9776.77	—	9.52	—	5.46	—

4. 土壤主要理化性状特征及分布

1) 八等地土壤有机质

贵阳市八等地基本分布在旱地中,其面积占八等地面积的99.84%;水田中仅占0.10%;水浇地中仅占0.06%。旱地中八等地土壤有机质含量以25~35g/kg为主,其面积占八等地面积的54.22%;其次为含量大于35g/kg,占26.72%(表6.83)。

表6.83 贵阳市八等地土壤有机质分级及面积比例

含量范围 /(g/kg)	旱地 面积/hm²	占八等地面积比例/%	水田 面积/hm²	占八等地面积比例/%	水浇地 面积/hm²	占八等地面积比例/%
>35	2616.80	26.72	0.27	0.00	—	—
25~35	5309.00	54.22	0.07	0.00	4.86	0.05
15~25	1700.22	17.36	5.55	0.06	0.59	0.01
10~15	112.47	1.15	2.62	0.03	—	—
<10	38.28	0.39	1.01	0.01	—	—

2) 八等地土壤全氮

贵阳市八等地土壤全氮主要分布在旱地中,其中以含量大于2g/kg占比较大,其面积占八等地面积的53.55%;其次为含量1.5~2g/kg,面积占比34.86%(表6.84)。

表6.84 贵阳市八等地土壤全氮分级及面积比例

含量范围 /(g/kg)	旱地 面积/hm²	占八等地面积比例/%	水田 面积/hm²	占八等地面积比例/%	水浇地 面积/hm²	占八等地面积比例/%
>2	5243.78	53.55	8.74	0.09	1.46	0.01
1.5~2	3413.39	34.86	—	—	3.28	0.03
1~1.5	1012.80	10.34	0.78	0.01	0.72	0.01
0.5~1	106.79	1.09	—	—	—	—

3) 八等地土壤有效磷

贵阳市八等地土壤有效磷主要分布在旱地中,其中以含量10~20mg/kg占比最大,其面积占八等地面积的47.49%;其次为含量5~10mg/kg和20~30mg/kg,面积占比分别为24.21%和16.04%(表6.85)。

表 6.85　贵阳市八等地土壤有效磷分级及面积比例

含量范围 /(mg/kg)	旱地 面积/hm²	占八等地面积比例/%	水田 面积/hm²	占八等地面积比例/%	水浇地 面积/hm²	占八等地面积比例/%
>30	693.92	7.09	—	—	—	—
20~30	1571.08	16.04	—	—	0.13	0.00
10~20	4650.22	47.49	4.79	0.05	5.23	0.05
5~10	2370.82	24.21	4.73	0.05	—	—
<5	490.73	5.01	—	—	0.09	0.00

4）八等地土壤速效钾

贵阳市八等地土壤速效钾主要分布在旱地中，其中含量 100~150mg/kg 和 150~200mg/kg 占比较大，其面积分别占八等地面积的 37.77%和 34.60%；其次为含量大于 200mg/kg，面积占比为 18.22%（表 6.86）。

表 6.86　贵阳市八等地土壤速效钾分级及面积比例

含量范围 /(mg/kg)	旱地 面积/hm²	占八等地面积比例/%	水田 面积/hm²	占八等地面积比例/%	水浇地 面积/hm²	占八等地面积比例/%
>200	1783.97	18.22	—	—	0.59	0.01
150~200	3388.20	34.60	0.34	0.00	1.21	0.01
100~150	3698.62	37.77	8.39	0.09	3.65	0.04
50~100	892.59	9.12	0.78	0.01	—	—
<50	13.39	0.14	—	—	—	—

5）八等地土壤 pH

贵阳市八等地中旱地土壤pH以5.5~6.5的占比最大，其面积占八等地面积的56.35%；其次为pH4.5~5.5，面积占比为29.89%（表6.87）。

表 6.87　贵阳市八等地土壤 pH 分级及面积比例

pH 范围	旱地 面积/hm²	占八等地面积比例/%	水田 面积/hm²	占八等地面积比例/%	水浇地 面积/hm²	占八等地面积比例/%
7.5~8.5	726.80	7.42	—	—	0.28	0.00
6.5~7.5	579.44	5.92	—	—	—	—
5.5~6.5	5518.04	56.35	0.34	0.00	4.91	0.05
4.5~5.5	2926.71	29.89	7.90	0.08	0.27	0.00
<4.5	25.77	0.26	1.28	0.01	—	—

第 6 章 耕地地力等级分析

6)八等地耕地坡度

贵阳市八等地在旱地中耕地坡度以 6°~15° 占比最大,其面积占八等地面积的 47.03%;其次为 15°~25°,占 33.48%(表 6.88)。

表 6.88 贵阳市八等地耕地坡度级分级及面积比例

耕地坡度	旱地 面积/hm²	占八等地面积比例/%	水田 面积/hm²	占八等地面积比例/%	水浇地 面积/hm²	占八等地面积比例/%
>25°	1273.53	13.01	—	—	—	—
15°~25°	3278.04	33.48	2.48	0.03	0.06	0.00
6°~15°	4604.63	47.03	6.17	0.06	0.59	0.01
2°~6°	531.05	5.42	0.87	0.01	2.57	0.03
≤2°	89.53	0.91	—	—	2.24	0.02

7)八等地土层厚度

贵阳市八等地主要分布在旱地中,其土层厚度以 50~70cm 为主,区域面积占八等地面积的 72.41%;其次为 70~90cm,面积占比为 18.72%(表 6.89)。

表 6.89 贵阳市八等地土层厚度分级及面积比例

土层厚度/cm	旱地 面积/hm²	占八等地面积比例/%	水田 面积/hm²	占八等地面积比例/%	水浇地 面积/hm²	占八等地面积比例/%
>90	211.87	2.16	—	—	—	—
70~90	1833.46	18.72	4.95	0.05	0.25	0.00
50~70	7089.80	72.41	4.57	0.05	5.00	0.05
<50	641.64	6.55	—	—	0.21	0.00

8)八等地地形部位

贵阳市八等地主要分布在旱地中,其地形部位以山地坡中和丘陵中部为主,区域面积分别占八等地面积的 58.54% 和 34.47%(表 6.90)。

表 6.90 贵阳市八等地地形部位分布及面积比例

地形部位	旱地 面积/hm²	占八等地面积比例/%	水田 面积/hm²	占八等地面积比例/%	水浇地 面积/hm²	占八等地面积比例/%
丘陵上部	293.60	3.00	—	—	—	—
丘陵中部	3374.86	34.47	4.95	0.05	4.62	0.05
丘陵下部	88.64	0.91	—	—	—	—
山地坡上	227.92	2.33	—	—	0.13	0.00

续表

地形部位	旱地 面积/hm²	旱地 占八等地面积比例/%	水田 面积/hm²	水田 占八等地面积比例/%	水浇地 面积/hm²	水浇地 占八等地面积比例/%
山地坡中	5731.71	58.54	4.57	0.05	0.70	0.01
山地坡下	60.03	0.61	—	—	—	—

9) 八等地耕层质地

贵阳市八等地主要分布在旱地中，其中耕层质地以砂土为主，面积占八等地面积的 77.98%；其次为黏土，面积占比为 15.65%（表 6.91）。

表 6.91 贵阳市八等地耕层质地分布及面积比例

耕层质地	旱地 面积/hm²	旱地 占八等地面积比例/%	水田 面积/hm²	水田 占八等地面积比例/%	水浇地 面积/hm²	水浇地 占八等地面积比例/%
砂土	7635.51	77.98	0.34	0.00	1.68	0.02
砂壤	16.35	0.17	4.23	0.04	—	—
轻壤	6.18	0.06	—	—	—	—
重壤	586.48	5.99	—	—	0.13	0.00
黏土	1532.23	15.65	4.95	0.05	3.64	0.04

6.2.9 九等地耕地质量特征

1. 九等地分布特征

贵阳市九等地土属主要是黄砂土、幼黄砂土和砾石黄泥土，区域面积分别占该等地面积的 37.08%、22.94% 和 21.04%（表 6.92）。

表 6.92 贵阳市九等地在主要土壤类型中的分布状况

土类	亚类	土属	面积/hm²	占九等地面积比例/%
粗骨土	钙质粗骨土	白云砂土	248.71	8.28
粗骨土	酸性粗骨土	砾石黄泥土	632.24	21.04
黄壤	黄壤	黄泥土	23.70	0.79
黄壤	黄壤	黄砂泥土	73.73	2.45
黄壤	黄壤	黄砂土	1114.16	37.08
黄壤	黄壤	黄黏泥土	31.49	1.05
黄壤	黄壤性土	幼黄泥土	0.03	0.00
黄壤	黄壤性土	幼黄砂土	689.42	22.94
黄壤	漂洗黄壤	白散土	8.33	0.28
黄棕壤	暗黄棕壤	灰泡砂土	161.52	5.37

续表

土类	亚类	土属	面积/hm²	占九等地面积比例/%
石灰土	黑色石灰土	黑岩泥土	2.45	0.08
新积土	新积土	山洪潮砂土	0.49	0.02
紫色土	酸性紫色土	血砂泥土	17.36	0.58
	中性紫色土	紫砂泥土	1.45	0.05

2. 九等地属性特征

如图 6.9 所示，贵阳市九等地主要分布在海拔 1000～1500m 处，占该等地面积的 87.60%；耕层土壤 pH 以 5.5～6.5 为主，占该等地面积的 48.20%；有机质含量以 25～35g/kg 为主，占该等地面积的 40.05%；有效磷含量以 10～20mg/kg 为主，占该等地面积的 38.52%；速效钾含量以 100～150mg/kg 为主，占该等地面积的 41.62%；土壤容重以 1～1.1g/cm³ 为主，占该等地面积的 46.92%。

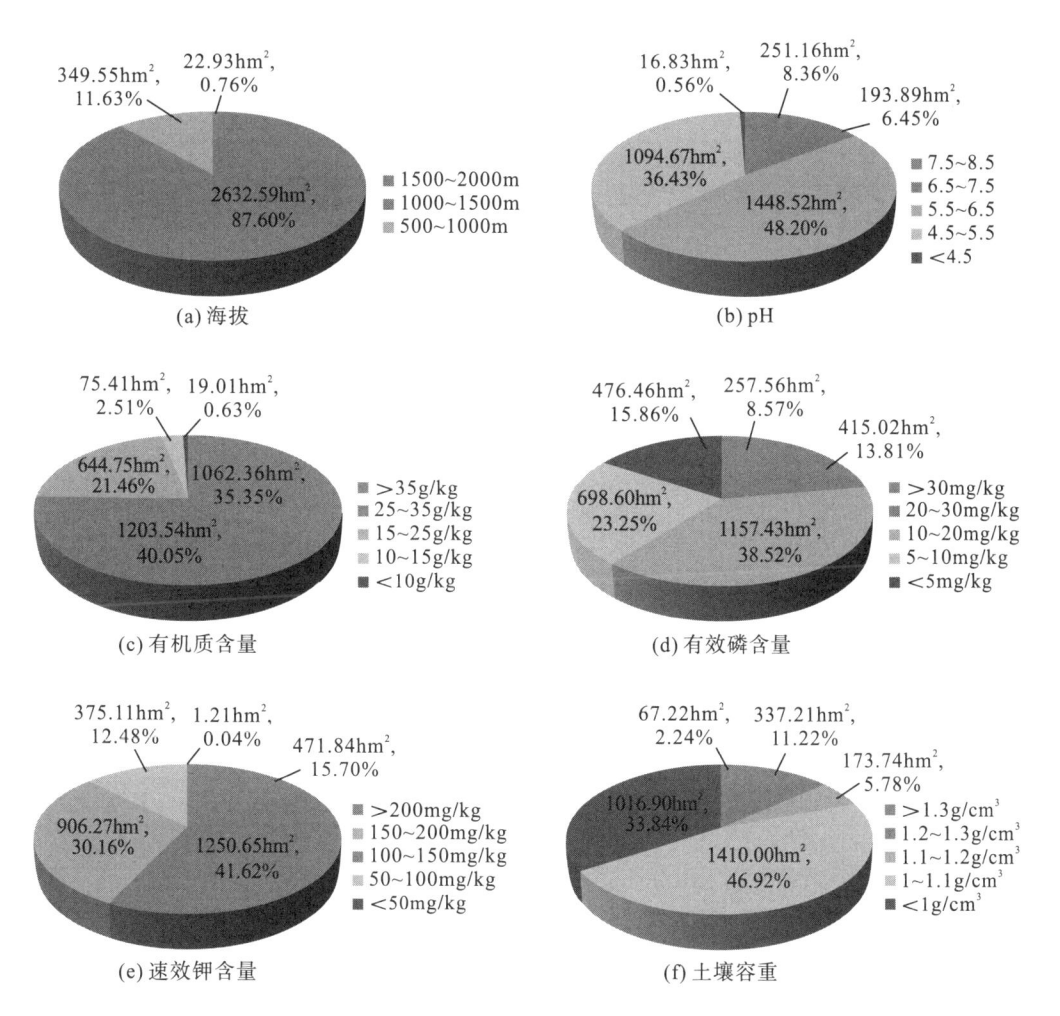

图 6.9 九等地不同养分指标的等级分布统计图

3. 各县(市、区)九等地分布特征

贵阳市九等地中，修文县和清镇市分布面积较大，分别占贵阳市九等地面积的 26.35% 和 23.04%；其次为花溪区和开阳县，分别占 16.31% 和 12.21%。各县(市、区)九等地主要分布在旱地中，少许分布在水田(花溪区和清镇市)和水浇地(乌当区和修文县)中(表 6.93)。

表 6.93 各县(市、区)九等地面积分布统计表

县(市、区)	九等地面积/hm²	占贵阳市九等地面积比例/%	占该县(市、区)耕地面积比例/%	占贵阳市耕地面积比例/%	其中：旱地 面积/hm²	占该县(市、区)九等地面积比例/%	其中：水田 面积/hm²	占该县(市、区)九等地面积比例/%	其中：水浇地 面积/hm²	占该县(市、区)九等地面积比例/%
白云区	4.66	0.15	0.12	0.00	4.66	100.00	—	—	—	—
观山湖区	117.11	3.90	3.50	0.06	117.11	100.00	—	—	—	—
花溪区	489.99	16.31	1.95	0.26	489.52	99.90	0.47	0.10	—	—
开阳县	367.02	12.21	0.68	0.20	367.02	100.00	—	—	—	—
南明区	10.78	0.36	0.71	0.01	10.78	100.00	—	—	—	—
清镇市	692.31	23.04	1.76	0.37	690.45	99.73	1.86	0.27	—	—
乌当区	251.79	8.38	2.60	0.13	251.76	99.99	—	—	0.02	0.01
息烽县	278.99	9.28	1.11	0.15	278.99	100.00	—	—	—	—
修文县	791.82	26.35	3.30	0.42	791.54	99.96	—	—	0.28	0.04
云岩区	0.60	0.02	0.14	0.00	0.60	100.00	—	—	—	—
合计	3005.07	100.00	—	—	3002.44	—	2.32	0.36	0.30	—

4. 土壤主要理化性状特征及分布

1) 九等地土壤有机质

贵阳市九等地基本分布在旱地中，其面积占九等地面积的 99.91%；水田中仅占 0.08%；水浇地中仅占 0.01%。旱地中九等地土壤有机质含量以 25~35g/kg 占比最大，区域面积占九等地面积的 39.97%；其次为含量大于 35g/kg，占 35.35%(表 6.94)。

表 6.94 贵阳市九等地土壤有机质分级及面积比例

含量范围/(g/kg)	旱地 面积/hm²	占九等地面积比例/%	水田 面积/hm²	占九等地面积比例/%	水浇地 面积/hm²	占九等地面积比例/%
>35	1062.24	35.35	0.13	0.00	—	—
25~35	1201.23	39.97	2.01	0.07	0.30	0.01
15~25	644.56	21.45	0.19	0.01	—	—
10~15	75.41	2.51	—	—	—	—
<10	19.01	0.63	—	—	—	—

2) 九等地土壤全氮

贵阳市九等地土壤全氮含量以大于 2g/kg 为主,旱地中全氮含量大于 2g/kg 的耕地占九等地面积的 52.71%;其次,旱地中全氮含量为 1.5~2g/kg 的耕地面积占九等地面积的 29.34%;全氮含量为 0.5~1g/kg 的仅占九等地面积的 0.50%(表 6.95)。

表 6.95 贵阳市九等地土壤全氮分级及面积比例

含量范围 /(g/kg)	旱地		水田		水浇地	
	面积/hm²	占九等地面积比例/%	面积/hm²	占九等地面积比例/%	面积/hm²	占九等地面积比例/%
>2	1583.97	52.71	2.14	0.07	0.02	0.00
1.5~2	881.74	29.34	0.19	0.01	0.28	0.01
1~1.5	521.72	17.36	—	—	—	—
0.5~1	15.01	0.50	—	—	—	—

3) 九等地土壤有效磷

贵阳市九等地土壤有效磷含量从缺乏至丰富的分布范围较广,其中以 10~20mg/kg 占比最大。旱地中有效磷含量为 10~20mg/kg 的土壤占九等地面积的 38.44%,其次是含量为 5~10mg/kg 的土壤,占 23.25%;含量低于 5mg/kg 的土壤占 15.84%(表 6.96)。

表 6.96 贵阳市九等地土壤有效磷分级及面积比例

含量范围 /(mg/kg)	旱地		水田		水浇地	
	面积/hm²	占九等地面积比例/%	面积/hm²	占九等地面积比例/%	面积/hm²	占九等地面积比例/%
>30	257.56	8.57	—	—	—	—
20~30	415.02	13.81	—	—	—	—
10~20	1155.14	38.44	2.01	0.07	0.28	0.01
5~10	698.60	23.25	—	—	—	—
<5	476.12	15.84	0.32	0.01	0.02	0.00

4) 九等地土壤速效钾

贵阳市九等地土壤速效钾含量处于中等至丰富水平,其中以 100~200mg/kg 占比最大,在旱地中该区域面积共计占九等地面积的 71.70%;其次为含量大于 200mg/kg 和 50~100mg/kg 的区域,面积占比分别为 15.69% 和 12.48%(表 6.97)。

表6.97 贵阳市九等地土壤速效钾分级及面积比例

含量范围 /(mg/kg)	旱地 面积/hm²	占九等地面积比例/%	水田 面积/hm²	占九等地面积比例/%	水浇地 面积/hm²	占九等地面积比例/%
>200	471.50	15.69	0.34	0.01	—	—
150～200	906.14	30.15	0.13	0.00	—	—
100～150	1248.48	41.55	1.86	0.06	0.30	0.01
50～100	375.11	12.48	—	—	—	—
<50	1.21	0.04	—	—	—	—

5）九等地土壤pH

贵阳市九等地土壤pH呈微酸性至酸性的情况较多，以弱酸性5.5～6.5的占比最大，为48.18%；其次为酸性土壤（pH 4.5～5.5），占比为36.37%，中性、弱碱性、强酸性土壤在九等地中分布较少（表6.98）。

表6.98 贵阳市九等地土壤pH分级及面积比例

pH范围	旱地 面积/hm²	占九等地面积比例/%	水田 面积/hm²	占九等地面积比例/%	水浇地 面积/hm²	占九等地面积比例/%
7.5～8.5	251.16	8.36	—	—	—	—
6.5～7.5	193.53	6.44	0.34	0.01	0.02	0.00
5.5～6.5	1447.93	48.18	0.32	0.01	0.28	0.01
4.5～5.5	1093.00	36.37	1.67	0.06	—	—
<4.5	16.83	0.56	—	—	—	—

6）九等地耕地坡度

贵阳市九等地中旱地以6°～15°坡度占比最大，该区域面积占九等地面积的55.04%；其次为15°～25°，占32.85%（表6.99）。

表6.99 贵阳市九等地耕地坡度级分级及面积比例

耕地坡度	旱地 面积/hm²	占九等地面积比例/%	水田 面积/hm²	占九等地面积比例/%	水浇地 面积/hm²	占九等地面积比例/%
>25°	170.95	5.69	—	—	—	—
15°～25°	987.11	32.85	1.59	0.05	—	—
6°～15°	1654.07	55.04	0.41	0.01	0.02	0.00
2°～6°	166.17	5.53	0.13	0.00	0.28	0.01
≤2°	24.13	0.80	0.19	0.01	—	—

第6章 耕地地力等级分析

7) 九等地土层厚度

贵阳市九等地土层厚度以 50~70cm 为主，区域面积占九等地面积的 63.98%；其次为 70~90cm 和小于 50cm，占比分别为 18.04% 和 17.55%（表 6.100）。

表 6.100　贵阳市九等地土层厚度分级及面积比例

土层厚度 /cm	旱地 面积/hm²	占九等地面积比例/%	水田 面积/hm²	占九等地面积比例/%	水浇地 面积/hm²	占九等地面积比例/%
>90	9.97	0.33	—	—	—	—
70~90	542.24	18.04	0.26	0.01	—	—
50~70	1922.77	63.98	0.47	0.02	0.30	0.01
<50	527.46	17.55	1.59	0.05	—	—

8) 九等地地形部位

贵阳市九等地中旱地地形部位以山地坡中为主，占九等地面积的 58.49%；其次为丘陵中部，占 27.27%（表 6.101）。

表 6.101　贵阳市九等地地形部位分布及面积比例

地形部位	旱地 面积/hm²	占九等地面积比例/%	水田 面积/hm²	占九等地面积比例/%	水浇地 面积/hm²	占九等地面积比例/%
丘陵上部	366.47	12.20	—	—	—	—
丘陵中部	819.59	27.27	0.13	0.00	—	—
丘陵下部	0.15	0.00	—	—	—	—
山地坡上	35.86	1.19	—	—	—	—
山地坡中	1757.80	58.49	2.20	0.07	0.30	0.01
山地坡下	22.57	0.75	—	—	—	—

9) 九等地耕层质地

贵阳市九等地中旱地耕层质地以砂土为主，占九等地面积的 97.68%，重壤和黏土分布极少，这与九等地土壤类型以粗骨土、黄壤、黄棕壤为主有关（表 6.102）。

表 6.102　贵阳市九等地耕层质地分布及面积比例

耕层质地	旱地 面积/hm²	占九等地面积比例/%	水田 面积/hm²	占九等地面积比例/%	水浇地 面积/hm²	占九等地面积比例/%
砂土	2935.22	97.68	2.32	0.08	0.30	0.01
重壤	12.00	0.40	—	—	—	—
黏土	55.22	1.84	—	—	—	—

6.2.10 十等地耕地质量特征

1. 十等地分布特征

贵阳市十等地土属主要是黄砂土、幼黄砂土和砾石黄泥土,区域面积分别占该等地面积的 39.12%、30.43% 和 20.83%(表 6.103)。

表 6.103 贵阳市十等地在主要土壤类型中的分布状况

土类	亚类	土属	面积/hm²	占十等地面积/%
粗骨土	钙质粗骨土	白云砂土	86.20	5.49
	酸性粗骨土	砾石黄泥土	326.74	20.83
黄壤	黄壤	黄砂土	613.79	39.12
	黄壤性土	幼黄砂土	477.32	30.43
	漂洗黄壤	白散土	16.10	1.03
黄棕壤	暗黄棕壤	灰泡砂土	48.66	3.10

2. 十等地属性特征

如图 6.10 所示,贵阳市十等地主要分布在海拔 1000~1500m 处,占该等地面积的 91.26%;耕层土壤 pH 以 5.5~6.5 为主,占该等地面积的 47.17%;有机质含量以 25~35g/kg 为主,占该等地面积的 47.88%;有效磷含量以 10~20mg/kg 为主,占该等地面积的 42.90%;速效钾含量以 100~150mg/kg 为主,占该等地面积的 44.22%;土壤容重 1g/cm³ 以下为主,占该等地面积的 59.07%。

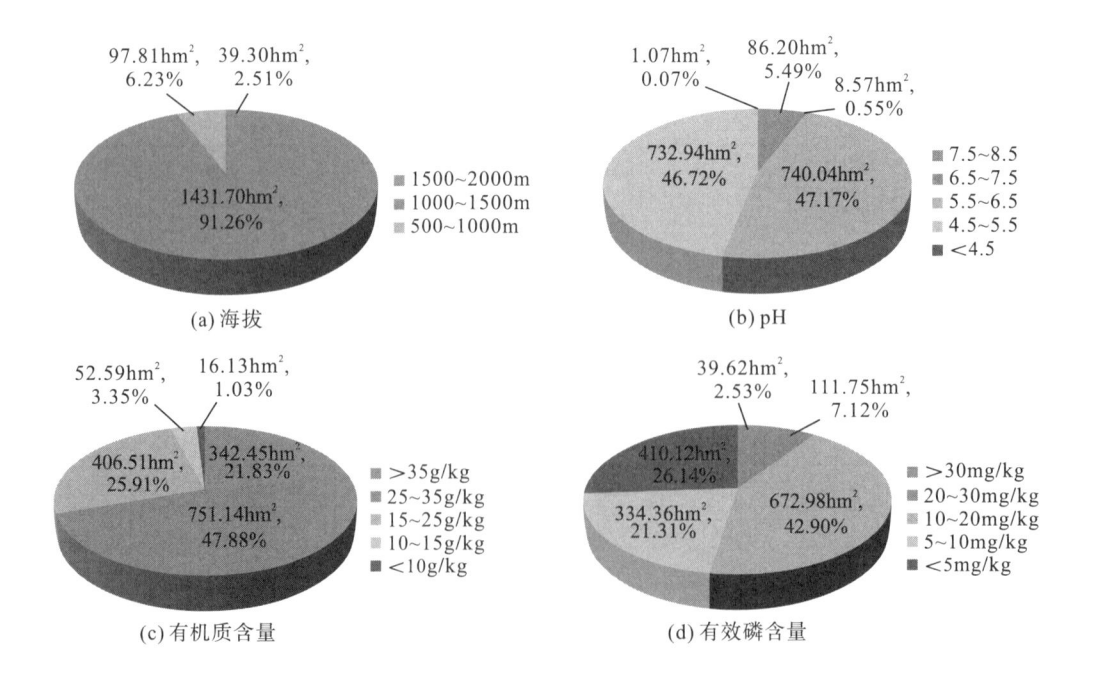

第6章 耕地地力等级分析

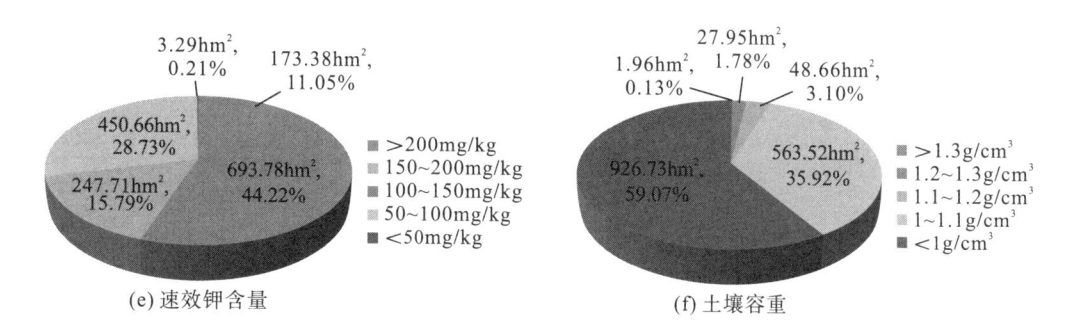

(e) 速效钾含量

- 3.29hm², 0.21%
- 173.38hm², 11.05%
- 450.66hm², 28.73%
- 247.71hm², 15.79%
- 693.78hm², 44.22%

图例：>200mg/kg；150~200mg/kg；100~150mg/kg；50~100mg/kg；<50mg/kg

(f) 土壤容重

- 27.95hm², 1.78%
- 1.96hm², 0.13%
- 48.66hm², 3.10%
- 563.52hm², 35.92%
- 926.73hm², 59.07%

图例：>1.3g/cm³；1.2~1.3g/cm³；1.1~1.2g/cm³；1~1.1g/cm³；<1g/cm³

图 6.10 贵阳市十等地不同养分指标的等级分布统计图

3. 各县（市、区）十等地分布特征

贵阳市十等地中，修文县和花溪区分布面积较大，分别占贵阳市十等地面积的 43.46% 和 23.24%。各县（市、区）十等地基本分布在旱地中，仅修文县有 0.02% 分布在水浇地中（表 6.104）。

表 6.104 各县（市、区）十等地面积分布统计表

县（市、区）	十等地 面积/hm²	占贵阳市十等地面积比例/%	占该县（市、区）耕地面积比例/%	占贵阳市耕地面积比例/%	其中：旱地 面积/hm²	占该县（市、区）十等地面积比例/%	其中：水浇地 面积/hm²	占该县（市、区）十等地面积比例/%
观山湖区	4.34	0.28	0.13	0.00	4.34	100.00	—	—
花溪区	364.65	23.24	1.45	0.20	364.65	100.00	—	—
开阳县	80.97	5.16	0.15	0.04	80.97	100.00	—	—
南明区	5.15	0.33	0.34	0.00	5.15	100.00	—	—
清镇市	183.50	11.70	0.47	0.10	183.50	100.00	—	—
乌当区	121.88	7.77	1.26	0.07	121.88	100.00	—	—
息烽县	126.56	8.07	0.50	0.07	126.56	100.00	—	—
修文县	681.76	43.46	2.84	0.37	681.63	99.98	0.14	0.02
合计	1568.82	100.00	—	—	1568.68	—	0.14	—

4. 土壤主要理化性状特征及分布

1) 十等地土壤有机质

贵阳市十等地基本分布在旱地中，占十等地面积的 99.99%；在水田中未见分布；水浇地中仅占 0.01%。旱地中十等地土壤有机质含量以 25~35g/kg 占比最大，区域面积占十等地面积的 47.87%；其次为含量 15~25g/kg 和大于 35g/kg，面积占比分别为 25.91% 和 21.83%（表 6.105）。

表6.105 贵阳市十等地土壤有机质分级及面积比例

含量范围/(g/kg)	旱地		水浇地	
	面积/hm²	占十等地面积比例/%	面积/hm²	占十等地面积比例/%
>35	342.45	21.83	—	—
25~35	751.00	47.87	0.14	0.01
15~25	406.51	25.91	—	—
10~15	52.59	3.35	—	—
<10	16.13	1.03	—	—

2)十等地土壤全氮

贵阳市十等地土壤全氮主要分布在旱地中，其中以含量1.5~2g/kg占比最大，占十等地面积的47.89%；其次为含量大于2g/kg和1~1.5g/kg，面积占比分别为25.12%和23.68%（表6.106）。

表6.106 贵阳市十等地土壤全氮分级及面积比例

含量范围/(g/kg)	旱地		水浇地	
	面积/hm²	占十等地面积比例/%	面积/hm²	占十等地面积比例/%
>2	394.12	25.12	—	—
1.5~2	751.38	47.89	0.14	0.01
1~1.5	371.49	23.68	—	—
0.5~1	50.10	3.19	—	—
<0.5	1.59	0.10	—	—

3)十等地土壤有效磷

贵阳市十等地土壤有效磷主要分布在旱地中，其中以含量10~20mg/kg占比最大，区域面积占十等地面积的42.89%；其次为含量小于5 mg/kg和5~10mg/kg，面积占比分别为26.14%和21.31%（表6.107）。

表6.107 贵阳市十等地土壤有效磷分级及面积比例

含量范围/(mg/kg)	旱地		水浇地	
	面积/hm²	占十等地面积比例/%	面积/hm²	占十等地面积比例/%
>30	39.62	2.53	—	—
20~30	111.75	7.12	—	—
10~20	672.84	42.89	0.14	0.01
5~10	334.36	21.31	—	—
<5	410.12	26.14	—	—

4)十等地土壤速效钾

贵阳市十等地土壤速效钾主要分布在旱地中,其中以含量100~150mg/kg占比最大,区域面积占十等地面积的44.22%;其次为50~100mg/kg,占比为28.73%(表6.108)。

表6.108　贵阳市十等地土壤速效钾分级及面积比例

含量范围/(mg/kg)	旱地 面积/hm²	旱地 占十等地面积比例/%	水浇地 面积/hm²	水浇地 占十等地面积比例/%
>200	173.38	11.05	—	—
150~200	247.57	15.78	0.14	0.01
100~150	693.78	44.22	—	—
50~100	450.66	28.73	—	—
<50	3.29	0.21	—	—

5)十等地土壤pH

贵阳市十等地土壤中,pH为5.5~6.5和4.5~5.5的占比较大,旱地中该区域面积分别占十等地面积的47.17%和46.71%(表6.109)。

表6.109　贵阳市十等地土壤pH分级及面积比例

pH范围	旱地 面积/hm²	旱地 占十等地面积比例/%	水浇地 面积/hm²	水浇地 占十等地面积比例/%
7.5~8.5	86.20	5.49	—	—
6.5~7.5	8.57	0.55	—	—
5.5~6.5	740.04	47.17	—	—
4.5~5.5	732.80	46.71	0.14	0.01
<4.5	1.07	0.07	—	—

6)十等地耕地坡度

贵阳市十等地在旱地中以6°~15°坡度占比最大,占十等地面积的57.66%;其次为15°~25°,占28.39%(表6.110)。

表6.110　贵阳市十等地耕地坡度级分级及面积比例

耕地坡度	旱地 面积/hm²	旱地 占十等地面积比例/%	水浇地 面积/hm²	水浇地 占十等地面积比例/%
>25°	133.02	8.48	—	—
15°~25°	445.42	28.39	—	—

续表

耕地坡度	旱地		水浇地	
	面积/hm²	占十等地面积比例/%	面积/hm²	占十等地面积比例/%
6°~15°	904.51	57.66	—	—
2°~6°	78.73	5.02	0.01	0.00
≤2°	7.00	0.45	0.13	0.01

7) 十等地土层厚度

贵阳市十等地土层厚度以 50~70cm 为主，旱地中该区域面积占十等地面积的 71.91%；其次为小于 50cm，面积占比为 23.95%（表 6.111）。

表 6.111 贵阳市十等地土层厚度分级及面积比例

土层厚度/cm	旱地		水浇地	
	面积/hm²	占十等地面积比例/%	面积/hm²	占十等地面积比例/%
70~90	64.85	4.13	—	—
50~70	1128.14	71.91	0.14	0.01
<50	375.69	23.95	—	—

8) 十等地地形部位

贵阳市十等地地形部位以山地坡中为主。旱地中，处于山地坡中地形的区域面积占十等地面积的 47.65%；其次为丘陵中部和丘陵上部，面积占比依次为 25.55% 和 21.99%（表 6.112）。

表 6.112 贵阳市十等地地形部位分布及面积比例

地形部位	旱地		水浇地	
	面积/hm²	占十等地面积比例/%	面积/hm²	占十等地面积比例/%
丘陵上部	344.95	21.99	—	—
丘陵中部	400.88	25.55	—	—
丘陵下部	0.72	0.05	—	—
山地坡上	73.89	4.71	—	—
山地坡中	747.61	47.65	0.14	0.01
山地坡下	0.62	0.04	—	—

9) 十等地耕层质地

贵阳市十等地中，旱地耕层质地以砂土为主，区域面积占十等地面积的 99.87%（表 6.113）。

表 6.113 贵阳市十等地耕层质地分布及面积比例

耕层质地	旱地		水浇地	
	面积/hm²	占十等地面积比例/%	面积/hm²	占十等地面积比例/%
砂土	1566.72	99.87	0.14	0.01
重壤	1.96	0.13	—	—

第7章 耕地施肥

"十三五"以来,根据农业部关于印发《到2020年化肥使用量零增长行动方案》和《到2020年农药使用量零增长行动方案》的通知(农农发〔2015〕2号)以及贵州省农业委员会关于印发《贵州省到2020年化肥使用量零增长行动方案》的通知(黔农发〔2015〕67号)等有关文件要求,贵阳市制定了《贵阳市到2020年耕地质量提升及肥料使用零增长行动方案》,每年度年初制定土壤肥料工作方案,细化落实科学施肥、测土配方施肥技术推广、肥料利用率试验等化肥减量工作目标,在加强肥料市场监管,保障肥料质量的基础上,大力推广测土配方施肥技术和耕地保护与质量提升技术,持续推进秸秆还田、绿肥种植、增施有机肥等措施,实现土壤结构改良,提升土壤有机质含量,优化和替代部分化肥施用,切实达到化肥减量增效目的。

7.1 耕地施肥现状

7.1.1 国内施肥现状

积造施用农家肥、土杂肥,改良土壤、培肥地力是我国传统农业的精华。1901年氮肥从日本输入我国后,我国开始逐渐地施用化肥。20世纪四五十年代,农田养分投入以有机肥为主,1949年全国有机肥投入纯养分约4.8×10^6t,占总肥料投入量的99%,到20世纪90年代下降到50%左右。新中国成立以来,党和国家高度重视科学施肥工作,1950年中央人民政府在北京召开了全国土壤肥料工作会议,商讨土壤肥料工作大计。会议提出了我国中低产田的分区与整治对策,对我国耕地后备资源进行了评估,将科学施肥作为发展粮食生产的重要措施之一,随后重点推广了氮肥,加强了有机肥料建设。1957年成立全国化肥试验网,开展了氮肥、磷肥肥效试验研究。1959—1962年组织开展了第一次全国土壤普查和第二次全国氮、磷、钾三要素肥效试验,在继续推广氮肥的同时,注重了磷肥的推广和绿肥生产,为促进粮食生产发展发挥了重要作用。1979年开展了第二次全国土壤普查,摸清了我国耕地基础信息,1981—1983年组织开展了第三次大规模的化肥肥效试验,对氮、磷、钾及中、微量元素肥料的协同效应进行了系统研究。随后,开展缺素补素、配方施肥和平衡施肥技术推广。到2003年,全国化肥施用量由1949年的1.3×10^4t增加到4.412×10^7t,测土配方施肥推广面积2.67×10^6hm²;带动了我国农业生产持续快速发展,粮食产量达到4.31×10^8t,棉花产量达到4.86×10^6t,分别是1949年的3.8倍和10.9倍,经济作物和经济果林也得到了相应的发展,"菜篮子"产品丰富,瓜菜、水果产量也大幅度提高，更为重要的是，研究探索了配方施肥技术规范和工作方法，总结出了"测、配、产、供、施"一条龙的测土配方施肥技术服务模式，从 2005 年开始，在全国范围内选择部分县(市、区)实施农业部测土配方施肥补贴项目，到 2009 年全面普及实施该项目，通过大量采集土壤样品检测、实施田间肥效试验，建立测土配方施肥项目数据库，初步建立了全国测土配方施肥技术体系。"十一五"期间，我国测土配方施肥面积超过 10 亿亩，基本覆盖所有农业县(场)，累计减少不合理氮肥施用量 430 万 t(折纯)，减少氮、磷流失 6%～30%。2015 年，我国组织开展了"到 2020 年化肥使用量零增长"行动，推进化肥减量增效，并取得积极进展。据测算，2015 年三大主粮化肥利用率为 35.2%，比 2013 年提高 2.2 个百分点。服务方式创新方面，推进农企合作推广配方肥，依托新型经营主体，集成推广减量增效技术模式，实现节肥增效。2020 年是化肥使用量零增长行动收官之年。化肥使用量实现连续四年负增长。全年水稻、小麦、玉米三大粮食作物化肥利用率 40.2%，比上年提高 1 个百分点，比 2015 年提高 5 个百分点。全国有机肥施用面积达到 36666.7 千公顷。在推进化肥减量增效方面，我国选择 300 个县域开展化肥减量增效示范，探索应用高效施肥技术、施用新型高效肥料产品的工作机制和推广模式，指导科学施肥。组织专家制定科学施肥技术指导意见，发布水稻、小麦、玉米、油菜氮肥施用定额，提出不同地区、不同作物、不同产量目标下的氮肥推荐施用量，避免过量施肥、盲目施肥。

7.1.2 贵州省施肥现状

据统计，2021 年，贵州省建设化肥减量增效示范区面积达 1.55 万公顷，推广测土配方施肥、增施有机肥等科学施肥技术模式。开展田间试验 454 个，土样采集 7225 个，分析化验 12.9 万项次，发放施肥建议卡 61.8 万份。2021 年，累计为 21 家肥料生产企业开展技术指导和现场培训 120 余次，助力 4 家肥料生产企业的 6 个肥料产品获准登记。全省尚在有效期内的肥料生产企业有 77 家，肥料产品 471 种。其中，复混(合)肥料 234 种，掺混肥料 141 种，有机无机复混肥料 34 种，有机肥料 62 种。贵州省 2020 年农用氮、磷、钾化肥生产量 338.91 万 t(折纯)，较 2015 年的 603.62 万 t 减少 264.71 万 t，降幅 43.9%。"十三五"期间贵州省农用化肥施用量实现连续下降，2020 年农用化肥施用量为 78.78 万 t(折纯，下同)，较 2015 年的 103.69 万 t 减少 24.91 万 t，降幅 24.0%。其中，氮肥减少 20.22 万 t，降幅 38.3%；磷肥减少 3.25 万 t，降幅 26.5%；钾肥减少 2.74 万 t，降幅 27.4%。2020 年贵州省农用复合肥施用量为 29.97 万 t，较 2015 年的 28.66 万 t，增加 1.31 万 t，增幅 4.6%，化肥复合化率逐步提高。贵州省 2021 年农用氮、磷、钾化肥生产量 336.17 万 t(折纯)。"十三五"期间贵州氮磷钾肥施用量不断调减，施用比例由 2015 年的 1：0.28：0.22 调整到 2020 年的 1：0.23：0.19，但比例仍未达到科学合理水平。同时，重化肥轻有机肥、重大量元素肥轻微量元素肥等现象仍然存在。农户普遍采用传统施肥方式，以人工方式进行施肥，化肥撒施、表施等现象较为常见，导致化肥利用率不高，化肥施用量较高。

7.1.3 贵阳市施肥现状

贵阳市立足于农业产业结构调整、坝区建设等中心工作，以服务好粮食生产、保障粮食安全为主基调，紧紧围绕"稳粮增收调结构，提质增效转方式"的工作主线，大力推进化肥减量增效技术应用，积极探索产出高效、产品安全、资源节约、环境友好的现代农业发展之路。贵阳市化肥减量增效工作以绿色生态为导向，将化肥减量增效与农业生态环境建设有机结合起来，深入推进农业绿色发展，持续改善农业生态环境。

从 2016 年开展化肥零增长行动计划以来，全市通过测土配方施肥、耕地质量提升、有机肥资源化利用、产业结构调整、品牌建设等方式，全面推进化肥减量工作。根据贵阳市统计局、国家统计局贵阳调查队出版的 2016—2020 年各年度统计年鉴显示，贵阳市年农用化肥施用量（折纯法）从 2016 年的 6.04 万 t 降至 2020 年的 4.73 万 t，其中 2016—2020 年各年度分别为 6.04 万 t、5.71 万 t、5.38 万 t、4.80 万 t 和 4.73 万 t，农用化肥施用量逐年减少，2020 年较 2016 年农用化肥施用量减少 1.31 万 t，实现了化肥减量的工作目标。根据最新评价结果，截至 2020 年，贵阳市耕地质量平均水平为 4.84 级，高于全省平均水平（全省平均水平为 5.78 级），位于全省第一。

7.2 科学施肥推广模式

7.2.1 依托科学施肥项目促进技术推广

为了调动农民化肥减量施用的积极性，加大科学施肥技术推广力度，加快有机肥资源利用，改良土壤，培肥地力，减少化肥投入，贵阳市积极申请各级财政资金 1465 万元。依托农业农村部、省农业农村厅"耕地保护与质量提升""化肥减量增效示范""生态循环农业"等项目，鼓励和支持农民实施秸秆还田，恢复绿肥种植，增施有机肥，改良土壤，培肥地力，促进有机肥资源转化利用，减少污染，改善农业生态环境，保护耕地，着力提高耕地质量。

"十三五"期间，以农业农村部测土配方施肥项目县为基础，全市围绕"测土、配方、配肥、供应、施肥指导"五个核心环节，充分应用前期成果数据，加大土壤测试和肥料田间试验力度，持续推进测土配方施肥和科学用肥技术指导。五年间，全市共计完成分区域土壤样品采集 3154 个，化验 pH、有机质、全氮、碱解氮、有效磷、速效钾等大中微量元素含量等指标共计 4.01 万项次；总结运用测土配方施肥推广成果，完成"2+X"肥效试验、"3414"肥效试验，肥料利用率、中微量元素、肥料校正等田间试验 130 余个；完成贵阳市主要农作物肥料主推配方审定工作，共在水稻、玉米、油菜、马铃薯、蔬菜、水果等作物上确定主推配方 24 个，并在相关网站上进行发布；累计开展技术培训、宣传活动 430 余期次，发放施肥建议卡及施肥宣传单 61.52 万份，推广测土配方施肥技术 1180 余万亩次，完成绿肥种植推广 64.33 万亩次、秸秆还田 234.47 万亩次、有机肥增施 259.28 万亩次。

到 2020 年底，全市通过科学施肥技术推广及各项措施实施，实现主要农作物测土配方施肥技术覆盖率 93.9%，截至 2021 年 10 月，当年全市主要农作物测土配方施肥技术覆盖率已达到 92.86%，稳定在 90% 以上；根据实施的肥料利用率试验数据测算，肥料利用率达到了 40% 以上。

2021 年以来，贵阳市依托耕地质量变更调查土壤样品采集基础，结合 2021 年省级耕地质量提升（化肥减量增效）项目的田间试验实施等基础工作开展，全市推进化肥减量增效技术集成示范，开展科学施肥技术培训行动，各县(市、区)开展技术培训活动 167 次，组织现场观摩 3 次，宣传活动 71 次，推广测土配方施肥技术 460.29 万亩，测土配方施肥技术覆盖率达 94.14%。同时集成推广绿肥种植 15.07 万亩，水肥一体化 1.74 万亩，有机肥增施 185.36 万亩，为化肥减量增效工作的落细落实做出较大贡献。

息烽县采用"农业部门+供销系统"联动形式，依托供销系统销售网络和农业部门技术数据，引进数据库建设及智能化配肥专家系统 11 套并覆盖各乡(镇)，由供销部门引进大型配肥设备，根据各乡(镇)用肥需求，按需配制适合"大配方小调整"的配方肥。修文县在化肥减量增效宣传上，利用抖音短视频、印制纸巾和纸杯标语、微信群等多种宣传形式扩大宣传范围，提升知晓率，促进测土配方施肥技术落地。

7.2.2　结合产业结构调整推广科学施肥

近年来，贵阳市依托地理优势，大力发展都市农业、城郊农业，加大农业产业结构调整力度，围绕"五子登科"举措，优化种植结构，加快果、菜、茶等经济作物产业发展。全市茶园和果园面积从 2016 年的 71.87 万亩增长至 2019 年的 135.89 万亩，增幅达 89.08%。在茶园、果园生产管理中，强化引导生产经营主体科学施肥、测土配方施肥、增施有机肥、绿肥种植、专用肥和新型肥料使用，规范肥料使用技术规程和投入品管理，从而降低化肥用量，提高产品品质。果树、蔬菜和茶叶种植农户、种植大户和经营主体中，相当一部分已转为以有机肥、专用肥为主，化肥、新型肥料为辅的田间种植管理模式。

通过测土配方施肥技术、增施有机肥技术、种植绿肥技术及秸秆还田技术推广，以施肥建议卡、宣传单页、微信群发等载体形式开展大量的宣传和培训，农民施肥方式转变成效显著。通过走访农户、种植大户和农业经营主体了解到，对于增施有机肥、种植绿肥等方式替代化肥使用的认知在逐步转变。在修文县长兴种植农民专业合作社调研中发现，猕猴桃种植以有机肥为主、化肥为辅，有机肥每年亩投入量 1~2t，果品品质得到有效提升；在市农投集团下属蔬菜基地，有机肥用量达到每亩 3~4t。

7.2.3　发展节水农业

围绕"四新"主攻"四化"的总体要求，加快推进农业现代化发展步伐，全市大力推进水肥一体化现代农业设施建设，推动节水型农业发展。2019 年以来，在贵阳市农垦集团推动下，建成 2.5 万亩高标准设施蔬菜基地，在清镇市、修文县、乌当区、息烽县、花溪区、开阳县等县(区、市)的54个设施蔬菜基地上大规模推广自动喷滴灌及生态循环农业技术，形成了高标准的节水节肥产业集群。

修文县、息烽县、清镇市等均依托水肥一体化项目推进施肥方式转变，2021年实施水肥一体化技术推广面积达1.74万亩。2021年，清镇市通过生态循环农业项目，依托市农投集团2万亩保供蔬菜基地建设，建成有机废弃物处理站，推进尾菜发酵，将有机质废弃物转化为配方肥的有机原材料和有机质土壤改良剂，通过水肥一体化设备实现一站式施用，并扩展到其他园区，从而实现化肥减量增效和资源循环利用的目标。施肥方式从传统农业逐步向现代化农业方式转变，实现了从大量施用化肥到利用有机肥替代化肥的转变。

7.2.4 科学用地与养地相结合减少化肥使用

党的十八届五中全会提出，利用现阶段国内外市场粮食供给充裕的时机，在部分地区实行耕地轮作休耕，既有利于耕地休养生息和农业可持续发展，又有利于平衡粮食供求矛盾、稳定农民收入。按照农业农村部、贵州省农业农村厅关于休耕制度试点工作"自愿参与"的基本原则和指导思想，贵阳市开阳县2017—2019年在双流镇、冯三镇、楠木渡镇、高寨乡4个乡(镇)11个村，采取"自然生草+一年一翻耕""豆科绿肥+一年一翻耕"等两种休耕技术模式，累计实施休耕面积达3万亩，按照每休耕1亩耕地补贴500元的标准，累计补助试点参与农户1970户，将休耕与产业结构调整相结合，与农村劳动力就业相结合，对培肥地力、减少化肥施用起到了积极的作用。

7.2.5 畜禽粪污资源化利用

"十三五"期间，贵阳市坚持以种养结合、生态循环为目标，按照源头减量、过程控制、末端利用的治理原则，推进畜禽粪污资源化综合利用，推动有机肥增施，助力化肥减量。根据农业农村部养殖场直联直报系统数据，2020年贵阳市畜禽粪污产生量为339.24万t，实现综合利用301.93万t，综合利用率达89%。

为了调动农民使用有机肥的积极性，加快有机肥资源利用，改良土壤，培肥地力，减少化肥投入，"十四五"以来，贵阳市依托农业农村部、省农业农村厅"耕地保护与质量提升""畜禽粪污综合利用整县推进项目""生态循环农业"等项目，先后在开阳县、息烽县、修文县、清镇市实施，辐射带动周边区域，鼓励和支持农民秸秆还田，恢复绿肥种植，增施有机肥，改良土壤，培肥地力，促进有机肥资源转化利用，减少污染，改善农业生态环境，保护耕地，着力提高耕地质量。

以修文县为例，依托省级重点农业园区——"修文县谷堡果畜现代高效生态农业示范园区"为核心，辐射周边猕猴桃种植基地涉及11个乡镇(街道)28个村36家种植企业(合作社)，创建全国绿色食品原料(猕猴桃)标准化生产基地15146亩，通过控制各项生产投入品，全程实施标准化生产，推进"种养结合"模式，联合县境内5家企业以畜禽养殖粪便和作物秸秆为原料加工有机肥料，消纳县域内养殖场畜禽粪污，土壤培肥采用腐熟的牛粪2000~3000kg/亩或羊粪1000~1500kg/亩作为有机肥混土施用模式，实现全县畜禽粪污综合利用率达94.12%。通过标准化生产规程,实现猕猴桃产品质量符合国家绿色食品标准,目前创建的全国绿色食品原料(猕猴桃)标准化生产基地已通过农业农村部验收。

7.2.6 强化肥料市场管理保障用肥安全

"十三五"期间,为了从源头上确保进入农业生产的化肥质量,防止不合格肥料产品流入农业生产领域,避免坑农害农、污染耕地及农产品等问题,在关键农时春、秋两季,开展对生产企业、农资市场肥料产品的质量监督抽查。在市县两级土肥部门、农业执法部门的共同努力下,2016—2020年,全市共计抽检肥料130个批次,抽检合格108个批次,抽检合格率最高为90%,最低为80%,平均合格率为83.08%,肥料市场质量稳定,市场抽检合格率保持在80%以上。

7.2.7 构建多种推荐施肥方式及技术推广服务模式

1. 有机肥推广与测土配方施肥有机结合模式

测土配方施肥的一项重要内容是,基于野外调查、田间试验及土壤测试的结果,针对不同区域、不同作物、不同肥力水平条件,在提出施肥推荐的同时,倡导向土壤增施有机肥,以提高土壤有机质含量,达到改良土壤理化性质、减少化肥用量、改善作物品质、提高农作物产量的目的。有机肥推广与测土配方施肥有机结合模式技术路线图如图7.1所示。

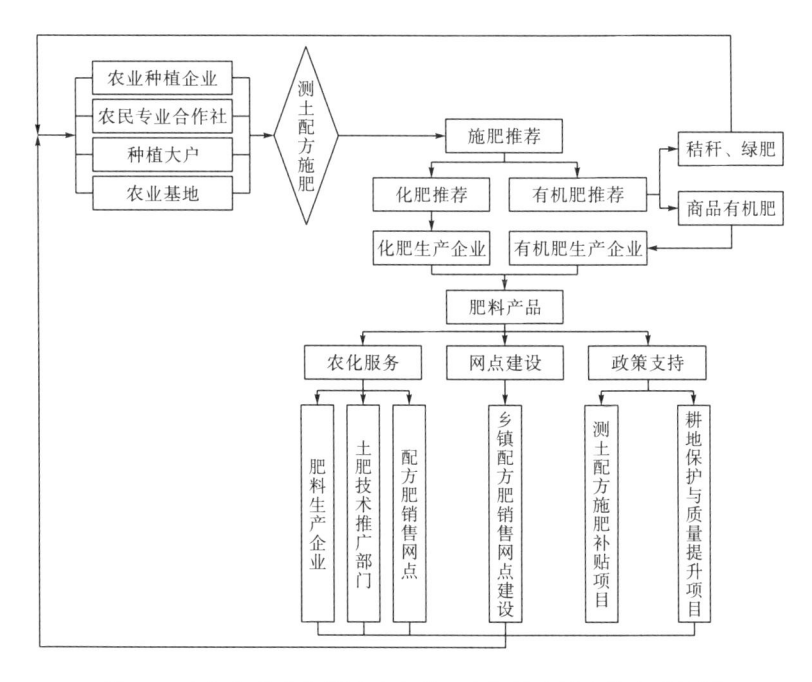

图7.1 有机肥推广与测土配方施肥有机结合模式技术路线图

有机肥推广与测土配方施肥有机结合模式关键点如下。

(1) 推广对象的选择：有机肥推广与测土配方施肥有机结合模式的推广对象主要选取农业种植企业、农民专业合作社、种植大户和农业基地，其总体文化水平和接受科学技术的意识较高，代表贵阳市主要的农业种植力量，且规模较大，便于测土配方施肥与有机肥施肥技术的推广。

(2) 有机肥推荐：有机肥推荐建立在测土配方施肥基础上，分为秸秆、绿肥等传统有机肥推荐和新型商品有机肥的推荐。对于粗放式农业种植，以秸秆、绿肥等传统有机肥推荐为主；对于具有规模的精细耕作，则以新型商品有机肥推荐为主。

(3) 政策支持：主要以"测土配方施肥补贴项目"和"耕地保护与质量提升项目"为基础，在历年技术推广的前提下，大力推广"生态循环农业项目"，引导规模养殖畜禽粪便无害化处理和资源化利用。鼓励贵阳市辖区范围内的商品有机肥生产企业，充分利用本地畜禽粪便、农作物秸秆、菌渣等富含有机质的副产品，建立有序的有机肥生产、推广和使用机制。

(4) 农化服务：有机肥、无机肥生产企业，配方肥经销网点，基层土肥技术推广部门须为本区域范围内的农业种植企业、农民专业合作社、种植大户和农业基地提供土壤测试、施肥咨询、肥料配方等农化服务，特别是得到农业推广部门认可的肥料生产企业，要积极配合测土配方施肥技术和有机肥推广工作。

2. 施肥建议卡发放

由县、乡、村服务中心(站)通过养分平衡配方法制作建议卡，或通过地力分区配方法制作建议卡，或通过耕地土壤资源管理信息服务系统制作施肥分区图并打印建议卡发放给农户。农民根据测土配方施肥建议卡自行选购所需肥料，并进行配合施用。项目期间，发放施肥建议卡及明白纸共计44.9万份。

3. 信息服务系统咨询

农户可直接通过网络，或在服务站通过网络、单机、触摸屏实现对自己田块相关信息的浏览、查询，对田间任何位点(或任何一个操作单元)进行果树配方施肥的咨询，并可打印施肥建议卡。县技术服务中心、乡技术服务站、村技术服务点均安装触摸屏，为农民提供便捷的施肥咨询。农资经营网点和供肥企业通过系统为农民提供土壤资源情况，并指导农民科学配肥、购肥和施肥。目前，开阳县、修文县、息烽县和清镇市已安装施肥专家系统触摸屏31台，用于指导农户科学施肥。

4. 技术指导及农户培训

项目实施期间，通过各种形式对市、县测土配方施肥技术骨干及乡镇技术服务人员进行培训。共举办以技术骨干、肥料经销商、农户为对象的培训班211期，培训技术骨干1563人次，培训肥料经销商366人次，培训农民1.11万人次，发放宣传培训资料2.84万份。

5. 示范展示引导

2013—2016 年累计在猕猴桃产区、桃产区、葡萄产区和枇杷产区设立万亩示范区、千亩示范片、村级示范方 115 个，示范面积 27.6 万亩。通过广播电视、报刊简报、网络宣传报道测土配方施肥工作 50 次，举办科技赶集和现场会 1186 次，制作露天广告、墙体宣传信息 1048 条。

7.3　存在问题及原因分析

7.3.1　耕地用养失调

重用地、轻养地以及用地与养地失调是贵阳市耕地利用存在的一大问题。一些地方在化肥施用种类和结构上，重氮肥和磷肥、轻钾肥和微肥；在施肥方式上，浅施、表施、撒施现象时有发生；在施肥时期上，重基肥、轻追肥等。这些情况导致肥料利用率不高，土壤养分含量低，土壤贫瘠，耕地产出率低。耕地用养失调的主要原因有以下几点：一是农业生产者缺乏用地和养地意识，只注重短期利益，试图在最短时间内尽可能获得经济收入，缺乏长远规划，存在只用不养、掠夺性生产的情况。这种现象在只看重经济利益的外来土地承包商身上表现尤其明显。二是缺乏养地肥料的投入，一方面因贵阳山高路远，交通不便，劳动力缺乏，若想把农家肥等有机养料搬运到耕地极其困难；另一方面农业生产者缺乏对豆科、绿肥等养地作物的认识，从而忽略养地作物的养地价值。三是化肥使用不合理，作物有其自身的养分需求规律，而农业生产者不按其规律施肥，盲目地过量施氮磷钾肥，忽略大量营养元素、微量元素之间的平衡，导致土壤营养比例失调。四是大量的农药使用、工业污水的排放也造成了耕地质量的下降。

7.3.2　耕地利用效率不高

贵阳市的坡耕地面积大，中低产田土比例高。其中，中低产田土耕地面积占贵阳市耕地面积的 81.82%。规模以上连片耕地面积不大，耕地陡峭不平、破碎，土壤肥力低下，不易耕作，耕地利用效率不高。贵阳耕地利用效率低的原因如下：①自然条件限制，贵阳多山地、坡地、丘陵，耕地破碎化严重，优质连片耕地少，且石漠化问题严峻，土壤贫瘠、质量差、保水保肥能力弱，不利于作物生长和机械化种植；②基础设施不完善，部分耕地缺乏灌溉设施和田间道路，交通不便，限制了现代农业机械的推广应用，增加了耕作难度；③劳动力流失，受经济驱动，大量农村劳动力外出务工，导致水田改为方便耕作的旱地，甚至出现大量无人耕种的抛荒现象；④政策支持力度不足，虽然政府出台了一系列的政策鼓励农业生产者从事规模化种植，但在资金、技术、人才等方面的支持力度，不足以有效推动耕地合理化使用。

7.3.3 产业区域化不明显

喀斯特地貌山地地形导致贵阳市耕地资源破碎，分布零散，海拔高差大，气候资源垂直分布明显，小地形气候类型较多，农产品类型多样丰富，但产业区域化特征不明显，农业生产的小规模性和分散性较突出，制约了农业生产的规模化、专业化和市场化发展，全产业链发展程度不高。具体原因可分为两个方面：一方面是贵阳市本身的地理条件限制，形成的耕地大多是坡地改造后的梯田梯土，田间小气候多样、耕地质量不均一，根据因地制宜原则难以实现产业区域化；另一方面是政策导向因素，贵阳市的耕地大多分散在农户手中，农户之间关联性和协调性不强，加之缺乏区域化生产的技术、资金、生产管理模式，且政府扶持力度不足，难以实现产业区域化。

7.3.4 农业生产要素支撑能力亟待增强

现有农业生产机耕道、生产便道、沟渠管网等农业基础设施建设标准低、数量不足，整体设施化程度低。第三次全国农业普查数据显示，贵阳市设施农业面积为 824.86 hm^2，虽然 2020 年市内新建成 2.5 万亩高标准设施蔬菜保供基地，但相较于其他邻近省会城市仍有较大差距。一方面，贵阳市的耕地肥力贫瘠，后期耕地培肥力度不足，光照不足且水资源缺乏，导致其可持续生产效能不高；另一方面，贵阳市耕地多位于山坡，灌溉极其困难，大多数属于望天耕地，且交通不便，难以实现机械化生产，加之缺乏修建沟渠管网、道路以及整体设施化的资金，对农业生产造成了限制。

7.4 综合改良措施

7.4.1 推行用养结合

一是增施有机肥，提高地力。过度依赖化肥和过量施用化肥，对耕地质量的负面影响大，易造成农业面源污染，破坏生态环境。有机肥不仅是提供作物营养、实现农业增产增收的需要，更是保护土壤肥力与农村环境、实现农业循环经济的需要。要广辟有机肥源，种植绿肥，实施秸秆还田，增施农家肥、商品有机肥等。生产实践证明，增施有机肥料是土壤熟化的物质基础。作物产量越高，从土壤中吸收的养分就越多。例如，每年生产 500kg 稻谷需要吸收 12.5kg 氮、5~10kg 磷（P$_2$O$_5$）、13~25kg 钾（K$_2$O）；每生产 50kg 油菜籽需要吸收 2.9kg 氮、1.25kg 磷、2.15kg 钾。作物吸收的养分绝大部分依赖土壤供应，作物产量和复种指数越高，需肥量越大，增施有机肥才能加速培肥土壤。同时，要加大测土配方施肥成果推广应用，使有机肥、无机肥在施用量、施用时间、施用比例、施用方式等方面达到有机统一，提高科学施肥水平，进而提高土壤肥力和土地产出率。

二是开展轮作休耕。耕地是最宝贵的资源，也是粮食生产的命根子，因此耕地轮作休耕是巩固提升粮食产能的关键。实行耕地轮作休耕，既有利于耕地休养生息和农业可持续发展，又有利于平衡粮食供求矛盾、稳定农民收入、减轻财政压力，还能全面提升农业供给体系的质量和效率。休耕主要选择坡度在25°以下坡耕地和瘠薄地的两季作物区，通过调整种植结构，改种防风固沙、涵养水分、保护耕作层的植物，同时减少农事活动，促进生态环境改善。

三是持续推进秸秆还田。作物秸秆富含有机质、N、P、K及多种微量元素，通过机械粉碎、堆腐、拌入秸秆腐熟剂等技术集成，将作物秸秆还田，实现循环利用，既可改良土壤、增加耕地有机质投入、减少化肥施用量，又能杜绝秸秆焚烧、保护农业生态环境、节约资源，是贵州省农业资源循环再利用和实现化肥施用量零增长的重要技术措施。

四是推广绿肥高产种植及利用。按照耕地类型选用适宜的优良绿肥种子，根据目标产量确定播种量，采用磷肥拌种，适时精量播种，于绿肥盛花期用旋耕机翻犁入土，五天后即可种植下季作物。或在绿肥开花前收割一次作为牲畜饲料，待新发绿肥到盛花期时翻压入土。绿肥是优质的有机肥资源，具有固氮增肥功效，每年冬季种植一季绿肥并翻压入土，可改良土壤质地、降低土壤酸性、改善土壤耕性、减少化肥投入量，提高耕地质量和农产品产量；果园种植绿肥，还能抑制杂草、涵养水源、减少水土流失。种植绿肥是一项季节性休耕、以养带种、以种促养、节本增效、环保且能不断提高耕地质量的重要技术措施。

7.4.2 科学施肥

自第二次土壤普查以来，贵阳市耕作土壤养分发生了较大的变化，有机质和全氮含量总体变化不大，有效磷、速效钾含量有大幅度提高。耕作土壤养分总体状况为：有机质和全磷处于丰富水平，碱解氮处于丰富水平，有效磷和速效钾处于中等偏上水平。造成贵阳市土壤养分含量变化的因素主要是农业生产习惯和自然因素。为了保护耕地资源、减少环境污染、降低生产成本并实现节本增效，必须提倡科学施肥。根据贵阳市土壤养分含量状况和施肥习惯，提出以下施肥建议。

1. 控制氮肥

氮对作物生长起着极为重要的作用，它是植物体内氨基酸的组成部分，是构成蛋白质的关键成分，也是植物进行光合作用起决定性作用的叶绿素的组成部分，氮还能助力作物分蘖。合理施用氮肥不仅能提高农产品产量，还能改善品质。然而，农作物氮营养过量，会造成作物生长过于繁茂，腋芽不断出生，分蘖过多，妨碍生殖器官的正常发育，以致推迟成熟。此时，叶呈浓绿色，茎叶柔嫩多汁，体内可溶性非蛋白态氮含量过高，易遭病虫为害，容易倒伏，禾谷类作物的谷粒不饱满，秕粒多；薯类薯块变小，豆科作物枝叶繁茂，结荚少，作物产量降低。

贵阳市耕作土碱解氮含量在大部分地区处于丰富水平，但部分地区仍然有部分耕地碱解氮含量较低，同时砂性和砂壤性土壤也比较缺氮。因此，在总体上应保持控制氮肥施用量，对氮缺乏地区仍需注重氮肥的适量施用。

2. 增加磷肥

磷肥可增加作物产量，改善作物品质，加速谷类作物分蘖和促进籽粒饱满；促使瓜类、茄果类蔬菜及果树的开花结果，提高坐果率；增加花生、甜菜、油菜籽的含油量。

贵阳市各乡镇耕地的有效磷含量均处于中等水平。因此，需加强宣传，让农民清楚地认识到土壤缺磷对农业生产造成的不利影响，改变农民"重氮轻磷钾"的施肥习惯，适度增加磷肥的施用量，以提高贵阳市耕地土壤磷素含量水平，增加作物产量和改善作物品质。

3. 稳定钾肥

钾肥对促进作物生长发育，提高抗旱、抗寒、抗倒伏、抗病虫害侵袭有极显著的作用。

由于长期生产习惯的原因，贵阳市土壤速效钾含量自第二次土壤普查以来，从原来并不丰富的状态转变为目前的丰富水平，总的说来，耕地土壤速效钾含量有所增加。过量施用钾肥会造成土壤环境污染，以及水体污染；会造成作物对钙等阳离子的吸收量下降，进而削弱庄稼生产能力。因此，在贵阳市耕地土壤钾素为丰富的水平条件下，需要合理控制钾肥的施用量，以防止对环境和作物造成危害。

4. 增施有机肥

贵阳市农业生产者长期保持种植绿肥、增施圈肥的习惯，使耕作土壤有机质含量一直保持较高水平，这对平衡土壤养分、提高地力发挥了积极作用。今后应继续保持这一生产习惯，同时加大秸秆还田的力度，减少焚烧，增施各种有机肥，保持和提高土壤有机质含量水平，为提高耕地地力、纠正钾肥和磷肥失衡状态发挥作用。

7.4.3 加强农业基础设施建设

加强农业基础设施建设：一是着力改善灌溉条件，治理水系。在无水利灌溉设施或水利设施较为薄弱的地区，要重视修建山塘、水库和电力提灌等工程，解决灌溉水源问题。在坡地开挖山沟，防止土壤冲刷；在洼地设排水沟，以免渍水受涝。在已有水利设施的区域，要进一步整理配套改串灌、漫灌为沟灌，做到能灌能排，合理用水。二是因地制宜推进坡改梯工程。因地制宜开展坡地改梯工作，改善土壤环境，减少地表径流，加厚耕层，提高土壤生产力。

1. 科学制定耕地地力建设与土壤改良规划

通过耕地地力评价，根据不同耕地的立地条件、土壤属性、土壤养分状况和农田基础设施建设情况，制定切实可行的耕地地力建设与土壤改良的中长期规划和年度实施报告，经政府批准后组织实施。

2. 加强耕地管理法律法规体系建设，健全耕地质量管理法规

根据《中华人民共和国农业法》《中华人民共和国土地管理法》《中华人民共和国基本农田保护条例》和中共中央、国务院、贵州省人民政府关于加强耕地保护、提高粮食综合生产能力等政策文件，切实加强耕地质量管理。按照耕地管理的有关法律法规，耕地管理部门按照各自的职责分工，加强耕地的保护和管理。坚决制止个别乡镇农民占用良田造房盖屋的违法行为，凡涉及耕地质量建设和占用耕地作为其他农业用地等行为，农业和土地管理部门要依法履行职责，加强项目的预审、实施和验收管理，切实保护耕地。对占用耕地和破坏耕地质量的违法行为，依法予以处理。

3. 加强耕地质量动态监测管理

一方面，在贵阳市范围内根据不同种植制度和耕地地力状况，建立耕地地力长期定位监测网点，建立和健全耕地质量监测体系和预警预报系统，对耕地地力、墒情和环境状况进行监测和评价，对耕地地力进行动态监测，分析整理和更新耕地地力基础数据，为耕地质量管理提供准确依据。另一方面，建立健全耕地资源管理信息系统，积极创造条件，加强耕地土壤调查，进一步细化工作单元，增加耕地资源基础信息，提高系统的可操作性和实用性。

4. 加大土地用途管制力度

土地用途管制是依法对土地的使用和土地的用途变更的管理与限制，具有一定的强制性，其目的在于限制农地转为非农用地，特别是严格限制农用地转为非农用地。必须严格按照土地利用总体规划确定的农用地用途使用土地。严禁基本农田保护区内的耕地转为其他用地；严禁陡坡开荒，切实保护脆弱的山区生态环境；严禁开展不符合土地利用总体规划的土地开发活动。

5. 加强基础设施建设，改善农业生产条件

加强农田水利等基础设施建设，实施"沃土工程"，加大中低产田土改造力度，改善耕地生产条件，增强耕地可持续利用能力。中低产田土改造应结合实施"沃土工程"，与农田基本建设协同进行，通过加强农田水利基本建设，建设优质、高产、稳产、节水、高效的农田，增强农业抵御自然灾害的能力，提高基本农田的生产能力。大力推广测土配方施肥技术，大幅度调整施肥结构，控氮、稳磷、补钾，大力提高秸秆还田率，增施有机肥，培肥地力。

6. 强化农业生态环境保护和治理

为进一步遏制耕地环境质量状况恶化的趋势，一方面要对污染的耕地进行治理；另一方面应对耕地环境进行监测与评价，同时在利用耕地进行生产的过程中，应该加强对耕地投入肥料、农药、地膜等生产资料的用量及使用方法的管理，严格控制农村生活垃圾、废气、污水向耕地环境的排放，预防耕地环境的污染，以满足经济、社会可持续发展对良好

耕地环境的需求。

7.4.4　调整种植结构

由于常规农业中常规作物种植比较效益低下，农民种植积极性不高，导致耕地撂荒现象普遍存在，耕地利用效率低下。为此，需加大种植结构调整力度，种植附加值比较高的经济作物，扩大蔬菜、辣椒、干鲜水果、油菜、烤烟、药材等经济作物的种植规模，并实行精耕细作，以最大限度增加种植效益。同时还应加大耕地的规模流转力度，强化规模种植效益，从而提高耕地利用效率。此外，针对稻田和旱地等采取合适的种植制度，例如稻田一般的作物布局为：稻-油、稻-肥轮换种植，也有稻-麦两熟的；对于无水源保证的，可采取水稻-绿肥，水稻-泡冬、水稻-炕冬的轮作与轮闲方式；旱地采用玉米-油菜、玉米-豌胡豆、玉米-绿肥等轮作制度。

1. 高度重视农业信息化建设

农业信息化是通信技术和计算机技术在农村生产、生活和社会管理中实现普遍应用和推广的过程。农业信息化作为发展现代农业的一项重要内容，推进农业信息化建设是新时期农业和农村发展的一项重要任务。在经济全球化进程加快和科学技术迅猛发展的形势下，我国农业已经进入工业反哺农业、城市支持农村的历史发展新阶段。加快农业信息化建设，对于推进新阶段农业和农村经济发展，促进农业增效、农民增收和农产品竞争力增强，统筹城乡经济社会发展具有重要意义。

近年来，尽管全国农村信息服务网络在为农民提供种养技术、市场信息、产销沟通等方面发挥了重要的作用，取得了良好的经济效益和社会效益。但就整体而言，还存在农业发展滞后、农民收入不高、农业信息化基础设施薄弱、农民科学文化素质有待提升、农村信息技术人员短缺等问题。必须下大力气推进农业信息化建设，除提供适用的综合信息服务，帮助当地农民以现代科技手段进行生产外，还需要让当地农民学会使用信息技术手段，在提高当地农民整体素质的同时，以科学的方式，全面推进乡村振兴。一是进一步加强农业信息化建设，必须着力建立、发展和完善农业信息体系。二是积极开展农村公共信息服务，推动农村综合信息服务体系的建立和完善。三是加大信息技术在农业、农村中的应用。四是积极培养农业信息服务组织和农业信息人员，不断提高农业信息的质量，同时有针对性地对农民进行培训，努力提高农民信息运用能力。

2. 以农业机械化作为重要保障

农业机械化，是指运用先进适用的农业机械装备农业，改善农业生产经营条件，不断提高农业的生产技术水平和经济效益、生态效益的过程。农业机械化是农业现代化的基本内容之一，其核心在于要在农业各部门中最大限度地使用各种机械代替手工工具进行生产。例如，在种植业中，使用小型拖拉机、播种机、收割机、农用机动车辆等进行土地翻耕、播种、收割、灌溉、田间管理、运输等各项作业，使全部生产过程主要依靠机械动力和电力，而不是依靠人力、畜力来完成。实现农业机械化可以节省劳动力，减轻劳动强度，提高农业劳动生产率，增强克服自然灾害的能力。

实现农业机械化是世界农业发展普遍要经历的一个过程。随着农业和农村经济的不断发展，农村劳动力大量转移，农民群众对农业机械的需求越来越强烈，加快推广运用农业机械，尽快提高农业机械化水平，以提高农业劳动生产率、增加农民收入、改善农民生产和生活环境已成为十分迫切的任务。近几年，我国为提高农业装备水平，从国家财政政策上对农民给予极大的支持，为推进农业机械化创造了良好的物质基础。尽管全国机械化取得了良好且平稳的发展，但是贵阳市的农业机械化进程仍较为滞后。

加快实现农业机械化，一是狠抓《中华人民共和国农业机械化促进法》的学习宣传，为加快发展农业机械化提供坚实的政策保障。二是依靠国家对农机具补贴政策，大力发展农业机械化。三是建立健全农机推广服务体系，促进农机健康发展。全面发展农机作业服务组织，培育农机大户，建立健全农机化社会服务体系，逐步建立起一个以农民为主体，以农机专业户和农机大户为骨干，以县、乡、村三级农机服务组织为依托，开展农机作业、农机供应、维修、培训、信息和技术咨询等多层次、多元化的农机社会化跨区服务体系，以进一步增强农机化服务功能，建立和维护良好的农机发展环境，提高农机服务组织化程度和集约化水平，促进农业机械化又快又好地发展。

3. 依靠科技进步与创新

坚持把农技推广服务作为推动现代农业发展的重要举措。持续对农民开展科技培训，提高科技水平，把提高农民素质作为农业增收的支撑点。一是采取"走出去"的办法，鼓励农民参加农广校学习，组织农民到发展快的地区实地参观学习。二是采取"请进来"的办法。聘请专家教授到当地举办培训班，或现场指导，或聘请专业技术员长期巡回指导生产，传授科学技术。三是根据农时季节，利用明白纸、黑板报等形式，为广大群众提供各类实用、便于操作的技术要点。四是建立各种生产协会。充分发挥技术带头人的作用，在生产中互相学习，进行宣传帮带，全面提高农民的技术水平，推动产业结构的平衡发展。五是充分发挥科技服务中心的作用，为提高农民收入开拓新途径。帮助农民充分了解市场经济的有关法规，提高其鉴别农药、种子、化肥等生产资料真伪的能力；同时，指导农民生产适销对路的产品，帮助解决农产品销售问题。

4. 发挥资源优势，培育和壮大主导产业

发展现代农业，就要充分发挥独特的农产品资源优势，挖掘内部潜能，大力发展农产品加工业，培育和壮大主导产业，提高农业产业化水平，这是发展农业产业化的重要途径。因此，各地要发挥区域比较优势，依据各自农产品资源特点，进一步完善发展规划，理清发展思路，明确产业定位，大力营造特色乡、特色村，形成"一村一品"特色经济，从提升产业层次方面求突破。本着"统一规划、集中建棚、连片发展、提高效益"的原则，各地出台各项惠农政策，吸引技术能人通过土地流转发展设施农业。培育扶持壮大龙头企业，发挥龙头带动作用。培育和发展一批经济技术实力雄厚、市场影响力大、能带动一方经济发展的龙头企业是推进农业产业化的关键。对于在各地大米、油料、蔬菜、家禽、水果等领域中具有龙头作用和极具潜力的企业，各级政府要予以政策、资金、技术、项目、物资、

股份制改造等方面的倾斜扶持，支持骨干企业加大技改力度，推动产学研合作，加快农业科技成果转化，使一批经济实力雄厚、带动能力强、经营机制灵活、有较强市场竞争力的龙头企业脱颖而出，尽快起到强有力的牵引带动作用。

5. 优化种植结构，改进品质，因地制宜，选用良种

以市场为导向，进一步优化农业结构，以满足群众日益增长的消费需要。调整种植业结构，在保证总产稳定增长的基础上，扩大市场适销对路的优质高效作物面积，增加优质农产品产量。按地域特点，实行分区种植，并逐步向粮、经、饲三元结构发展，引导农民把自己的商品推向市场，大幅度增加农民收入。

培育、引进、推广优良品种是高产优质高效农业的一项重要工程，其投资少，见效快，工省效宏。要以高产优质高效为育种目标，加快优良品种的培育。尽快筛选出更多的高产优质高效品种；同时要建立激励机制，把科研、推广、种子部门的利益紧密结合在一起，加快良种更新换代的步伐。

根据作物对自然条件(土壤类型、肥力等)的要求，因地制宜地种植作物，并选用适宜当地种植的高产、稳产、优质、抗逆性强的优良品种。

7.4.5　防治土壤污染退化

工业"三废"排放及农业废旧薄膜乱丢乱放、污水灌溉、农药和化肥的不合理施用等，是造成土壤污染退化的主要原因。为此，在农业生产中，要加强对农业灌溉水源的管理，严禁使用受污染的灌溉水源或直接以工业污水灌溉农田；要加强肥料、农药市场质量监督和科学施用管理，杜绝假冒伪劣肥料和农药流入市场，同时对肥料和农药田间科学施用进行指导，防止盲目施用化肥和农药对土壤造成危害。加强农药包装废弃物回收处理，推行农业清洁生产，开展农业废弃物资源化利用试点，形成一批可复制、可推广的农业面源污染防治技术模式。严禁将城镇生活垃圾、污泥、工业废物直接用作肥料。加强废弃农膜回收利用。严厉打击违法生产和销售不合格农膜的行为。建立健全废弃农膜回收贮运和综合利用网络，开展废弃农膜回收利用试点工作。

7.4.6　坚持高标准农田建设

为解决耕地破碎问题，需强化农田基础设施建设，规范推进农村土地整治工作，大力加强旱涝保收、高产稳产高标准基本农田建设，促进耕地保护和节约集约利用，保障国家粮食安全，促进农业现代化发展和城乡统筹发展。国土资源部于2011年9月印发了《高标准基本农田建设规范(试行)》(国土资发〔2011〕144号)，明确规定要加大田土块的平整度、田土块大小及田间道路、沟渠等基础设施建设，增强防御自然灾害能力建设，达到"旱能灌、涝能排、渠相通、路相通"，综合提升土壤产出能力，从而实现耕地持续及高标准利用。坚持把高标准农田建设作为农业现代化发展基础，按照坡改平、旱改水、瘦改肥"三改"和规模化、标准化、设施化、机械化"四化"要求，突出耕地保土、保水和保肥，重点实施土地平整、农田水利、田间道路、农田生态环境保护、耕地质量提升、高效农业设施等"六个工程"，加快补齐高标准农田基础设施短板，建设一批集中连片、设施配套、宜机耕种、高产稳产、生态良好、抗灾能力强的现代山地高标准农田，打造现代山地特色高标准农田整治示范区，形成高标准建、高标准管、高标准用的农田建设新格局。

7.5 政策建议

7.5.1 强化化肥减量增效技术的宣传和示范

宣传化肥减量增效种植模式及其优势，宣传化肥减量增效是降低化肥施用强度、改良土壤、提高耕地质量、提升农业综合生产能力的有效措施。同时，加大化肥减量增效技术示范推广力度，通过形式多样的方式展示化肥减量增效的应用效果。

7.5.2 多技术运用推进化肥减量增效落地

继续推进测土配方施肥、绿肥种植、增施有机肥、新型肥料使用等技术的应用推广，以多种方式促进化肥减量增效工作落细落实，打造化肥减量增效"三新"技术升级版。同时运用大数据等技术手段，推进测土配方施肥区域精准落地，更有效地指导不同农作物的科学施肥。

7.5.3 争取政策和资金支持

积极争取国家、省、市资金，整合资金大力打造肥料减量增效技术示范区，大力宣传"藏粮于地、藏粮于技"的国家政策，引导农户科学用地，科学养地，提高耕地质量，促进农户增施有机肥、扩种绿肥，提高秸秆综合利用率，达到减肥增效的目的。

7.5.4 进一步完善化肥减量增效推广机制

在化肥减量增效工作中，测土配方施肥技术推广的"最后一公里"在于配方肥的落地问题，而现实存在的问题是县、乡两级农技人员因技术水平有限，难以拿出切合实际的有效配方，导致测土配方施肥工作推进困难。下一步将探索"市出方案，县乡抓落实"的工作机制，由市集中资源力量制定符合地方实际的配方及施肥指导意见，由县乡具体推广落实，分工协作，更好地推进测土配方施肥技术的有效落地。

7.5.5 引导企业积极参与技术推广

化肥减量增效的最终落脚点在于产品，政府项目实施应积极主动引导企业参与农化服务体制机制的建立，通过肥料产品推广、农化服务拓展等市场化运作方式，吸引企业或主体主动参与，建立一套完善的农化服务体系，以推动各项技术的具体落实。

7.5.6　强化科技支撑

加强产学研融合，引进和转化一批农业节能减排高新技术，重点在农业面源污染防治、农业清洁生产、农村废弃物资源化利用等方面实现突破，尽快形成一整套适合贵阳市的发展模式和技术体系。2022 年，贵阳市与贵州省农业科学院、贵州大学、贵州科学院等开展深度合作，推进化肥减量增效等技术基础研究与应用，为全市科学施肥技术应用提供技术保障。

7.5.7　开展农村生态环境综合监测体系建设

探索构建高标准耕地生态环境综合监测体系，开展土肥水资源监测、耕地土壤墒情智能监测和分析预报、耕地土壤养分与肥料环境影响监测、肥效试验评价、农田废弃物残留与资源化利用监测、耕地土壤环境状况监测等农村生态环境监测工作，形成监测数据及报告，为农业生产提供数据支撑。

第8章 测土推荐施肥推广应用

肥料投入是科学施肥技术推广的核心环节，也是测土配方施肥技术推广"最后一公里"的技术难题。从配方的提出到企业的生产，再到市场的运作以及农户实际使用的情况，都是阻碍测土配方施肥技术推广的关键环节。贵阳市根据基层实际情况,提出"政府监督-企业参与-市场调控-农化服务-农户施肥"五点一线的配方肥推广网络体系模式,为测土配方施肥技术到田提供有力的现实支撑。

8.1 配方肥质量监督和推广网络体系

配方肥市场质量监督体系建设技术路线图如图8.1所示。

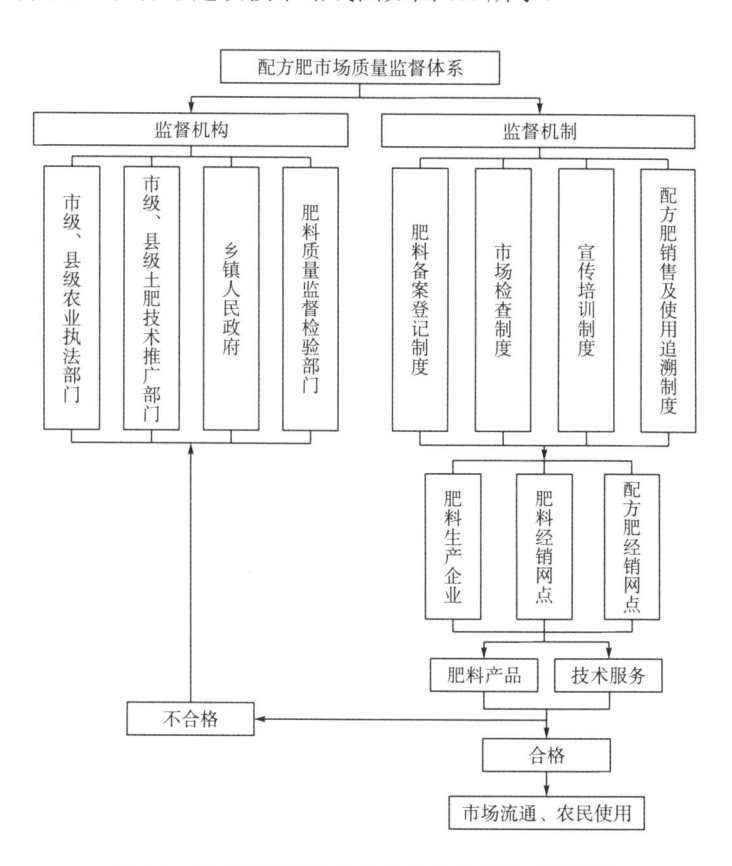

图 8.1 配方肥市场质量监督体系建设技术路线图

8.1.1 配方肥市场质量监督体系

配方肥市场质量监督体系：通过农业执法、技术推广、地方政府、第三方检验机构等部门对肥料市场流通及使用进行规范管理，运用肥料备案登记、市场检查、宣传培训、配方肥销售及使用追溯等手段对肥料生产企业和经营网点进行监管，确保肥料生产企业和经销网点在肥料产品及技术服务质量方面得到保障，为农民科学施肥及安全施肥提供有力保障的一种工作机制。

肥料备案登记制度：由市级土肥管理部门对辖区范围内销售的复混（合）肥、有机-无机复混肥、有机肥、配方肥、叶面肥等进行品种、价格排查，并对售卖情况及质量情况进行监控的一种制度。

市场检查制度：由市、县两级农业执法部门和土肥技术推广部门联合对辖区内市场流通的复混（合）肥、有机-无机复混肥、有机肥、配方肥、叶面肥等肥料进行抽样，并送具有相关资质的肥料质量监督检测部门检测，以掌握其质量状况的一项肥料市场管理制度。贵阳市根据实际情况，每年开展4次市场检查，以确保农民用肥安全。

宣传培训制度：对肥料生产企业、肥料经销网点及配方肥经销网点工作人员就肥料的生产、销售、使用等方面进行集中培训，重点对配方肥销售网点人员进行肥料质量控制及肥料施用技术方面的培训，为农民提供高质量肥料购买后续服务，为配方肥下地提供有力的技术保障。

配方肥销售及使用追溯制度：对由测土配方施肥项目提出的配方肥进行重点监管，建立配方肥经销网点销售台账和农户购买确认台账，以掌握配方肥的去向及使用情况，及时对配方肥的使用进行跟踪及后续服务，以确保农民科学施肥、安全施肥。

根据项目区实际情况，采用多种形式确定区域内配方推荐比例肥料产品。贵阳市主要采取"市场筛选+专家意见"和"企业生产"相结合的形式，确定适合或相近的肥料产品作为项目区域配方推荐产品。对于配方肥产品养分与实际施肥推荐养分存在差异的情况，通过施肥建议卡入户的形式进行调整补充。经专家推荐，最终确定市域、县域配方共9个。

8.1.2 配方肥销售网点的建设及肥料市场监管

通过县级农业主管部门对乡镇肥料销售网点进行考核，考核内容包括年度肥料抽检合格率高低、从事经营活动必需的证照是否齐全、是否进行肥料销售备案登记、肥料销售人员是否具有相应的肥料施用知识水平、店面规模大小等方面，择优选定每个乡镇至少一个肥料销售网点作为该区域配方肥销售网点。每个配方肥销售网点接受县级农业主管部门监督，需定期提交配方肥销售情况统计报表。县、乡两级土肥技术推广部门定期到配方肥销售网点进行指导，免费向农户提供测土配方施肥技术咨询。2017—2019年，在项目区选定肥料经销网点投放7台施肥专家系统、触摸屏，以此指导农户施肥和选购适合的肥料。同时加强肥料市场监管，保障农民用肥安全，贵阳市肥料市场抽检合格率从2013年的67.95%提升到2019年的90%，提高了约22个百分点。

8.1.3 配套多种推荐施肥方式及技术推广服务模式技术应用

1. 有机肥推广与测土配方施肥有机结合模式

测土配方施肥的一项重要内容是结合野外调查、田间试验及土壤测试结果，在提出不同区域、不同作物、不同肥力水平条件下的施肥推荐方案的同时，向土壤增施有机肥，以提高土壤有机质含量，达到改良土壤理化性质、降低化肥用量、改善作物品质、提高农作物产量的目的。

2. 有机肥推广与测土配方施肥有机结合模式关键点

(1) 推广对象的选择：该模式的推广对象主要选取农业种植企业、农民专业合作社、种植大户和农业基地。这些主体总体文化水平较高，接受科学技术的意识较强，代表贵阳市主要的农业种植队伍，且规模较大，便于测土配方施肥与有机肥施肥技术的推广。

(2) 有机肥推荐：有机肥推荐建立在测土配方施肥基础上，分为秸秆、绿肥等传统有机肥推荐和新型商品有机肥推荐。对于粗放式农业种植，以推荐秸秆、绿肥等传统有机肥为主；对于规模化精细耕作，以推荐新型商品有机肥为主。

(3) 政策支持：主要以"测土配方施肥补贴项目"和"耕地保护与质量提升项目"为基础，在历年技术推广的前提下，大力推广"生态循环农业项目"，引导规模养殖畜禽粪便无害化处理和资源化利用。对贵阳市辖区范围内商品有机肥生产企业予以鼓励，使其消化本地畜禽粪便、农作物秸秆、菌渣等富含有机质的副产品，建立有序的有机肥生产、推广和使用机制。

(4) 农化服务：有机肥、无机肥生产企业，配方肥经销网点，基层土肥技术推广部门须为本区域范围内农业种植企业、农民专业合作社、种植大户和农业基地提供土壤测试、施肥咨询、肥料配方等农化服务，特别是得到农业推广部门认可的肥料生产企业，要积极配合测土配方施肥技术和有机肥推广工作。

3. 施肥建议卡发放

由县、乡、村服务中心(站)通过养分平衡配方法、地力分区配方法或耕地土壤资源管理信息服务系统制作施肥建议卡及施肥分区图，并发放给农户。农民根据测土配方施肥建议卡自行选购所需肥料并配合施用。项目期间发放施肥建议卡及明白纸 2.7 万份。

8.2 配方施肥信息化推送模式

通过将信息技术与测土配方施肥技术相融合，以服务系统为载体，让信息技术和大数据技术切入农业技术推广的中间环节，实现配方肥落地农业推广新方式。利用网络、短信进行主动广泛性推送，同时利用触摸屏、手机、桌面等信息系统进行个性化查询。即农户可以利用服务系统演算出施肥方案，生成施肥建议卡，将配方肥"定地、定时、定量"落实到地块。

8.2.1 网站推送

根据省市印发的施肥指导意见和以往示范试验相关数据，结合农作物养分吸收规律和土壤养分供应情况，研究制定了观山湖区粮油作物施肥配方（图8.2），并在观山湖区人民政府网站上发布，以此指导农户合理施肥，提高肥料利用率，减少不必要的化肥投入，确保耕地安全和粮食安全。

图 8.2　观山湖区粮油作物施肥配方

8.2.2 短信推送系统

通过收集贵阳市各类精品水果、粮油种植农户信息，利用移动公司的集信通企业模板化短信平台进行种植、推荐施肥等技术的短信推送，多渠道开展技术推广工作。其中，通过向各类精品水果用户（火龙果、百香果、猕猴桃、蓝莓、樱桃、李等用户）、蔬菜粮油用户（辣椒、大豆、油菜等用户）等推送种植技术要点、病虫害防治等信息；向玉米、水稻、白菜、辣椒、油菜、番茄等种植用户推送测土配方施肥建议，为广大农民和农业企业提供了便捷、实用的农业生产技术及相关指导服务，有力促进了区域产业的快速发展。

通过施肥施药、病虫害防治、测土配方施肥等信息整理与推送，可为广大农户解决施肥用药不合理、病虫害防治方法不当等问题，提供正确、专业的指导，减少化学农药滥用与人为操作不当等对农作物、土壤与生态的破坏与污染,对提高农产品质量、稳定土壤质量以及改善生态环境等具有积极意义。

8.2.3 触摸屏信息服务系统

触摸屏是目前最简单、方便且适合农户使用的信息查询输入设备之一。该系统根据耕地施肥分区划分各个地区,安装在触摸屏一体机上,可放置于公众场合使用,方便农民及时浏览、查看、打印所需的信息。

1. 系统推广应用情况

根据贵阳市各个县(市、区)的立体生态特点,以触摸屏为载体,采用专家系统技术结合 GIS 技术,开发了功能实用的耕地测土配方施肥触摸屏信息服务系统。目前,贵阳市修文县、开阳县、息烽县等县(市、区)已实现测土配方施肥触摸屏查询信息系统全覆盖。此外,针对永乐桃园开发了永乐标准化桃园生产管理信息服务系统(图 8.3),专门用于桃树的技术栽培与推荐施肥信息查询。

图 8.3 永乐标准化桃园生产管理信息服务系统

2. 系统功能与结构

触摸屏版耕地测土配方施肥信息服务系统分为县级和乡镇级两个级别,县级和乡镇级系统主界面均包括 6 个按钮,代表组成系统的 6 大模块,分别是"本县概况"或"本乡、镇概况""地图推荐施肥""样点推荐施肥""测土配方施肥知识""作物栽培管理知识""农业技术影像课件"(图 8.4、图 8.5)。

图 8.4　县级、乡镇级系统登录界面

图 8.5　系统主界面

1) 地图推荐施肥

地图推荐施肥是以土壤测试和肥料田间试验为基础，根据作物需肥规律、土壤供肥性能和肥料效应，在合理施用有机肥的基础上，对具体田块的目标产量需肥量和最佳经济效益施肥量进行计算，提出氮、磷、钾及中微量元素等肥料的施用数量、施肥时期和施肥方法。地图推荐施肥技术的核心是调节和解决作物需肥与土壤供肥之间的矛盾。

在系统主界面点击"地图推荐施肥"按钮，打开地图推荐施肥界面，界面下方的一排按钮提供了基本的地图导航功能（包括放大、缩小、全图和漫游等）。界面左侧是图层树状表，包括样点、县界、乡镇界、村界、公路、水库（河流）、城镇、居民地、施肥单元等图层。用户可以通过勾选图层名选择需要加载的图层，界面右侧是图层显示窗口。

在进行"推荐施肥"计算前，首先要加载施肥单元图层，用户可以在界面左侧的图层树状表中勾选施肥单元图层，实现施肥单元图层的加载。施肥单元包括旱地、水田，分别用浅绿色、浅红色表示。用户可通过"放大""漫游"来寻找地块，再对耕地单元进行"推荐施肥"计算。

系统在进行施肥决策时，所有"条件"在一个界面完成选择输入（图8.6）。在"条件"方面，系统调用前期采集的信息数据库中的数据（如土种类型、质地、土壤养分测试值等），以简化咨询流程。农户可根据所在区域的特点及自身经验对界面中的参数进行一定程度的调整。调整完成后点击"计算施肥量"按钮，系统将自动计算施肥量，并自动生成施肥推荐卡。施肥推荐卡上包括该单元地理位置、土种名称、土壤养分测试值、施肥纯量、总肥料用量、各期追肥用量等内容，直观地为农民提供土壤资源情况和安全施肥信息。

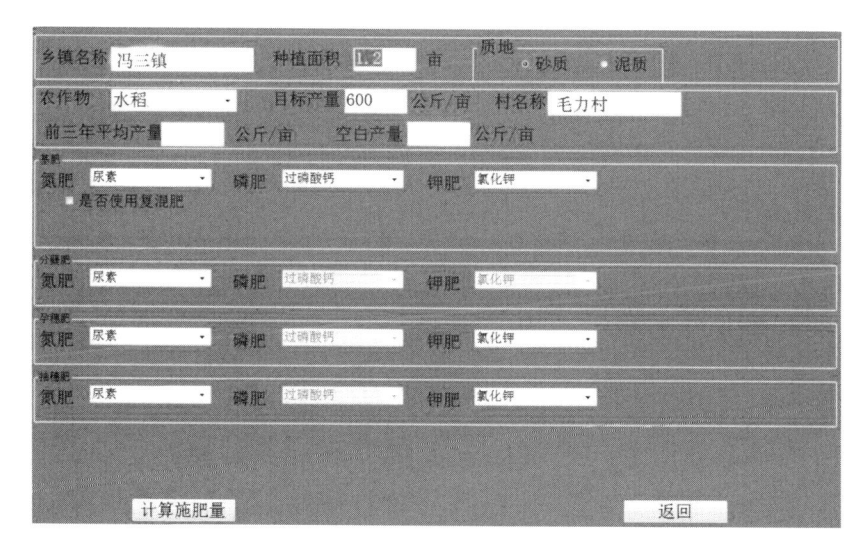

图 8.6　地图推荐施肥界面

2) 样点推荐施肥

样点推荐施肥与地图推荐施肥的区别在于，它允许用户通过选择村名、农户、地块名称来确定需要查看的地块，为不熟悉地图方位的用户提供了便利。对采样地块提供科学的施肥推荐是本模块的核心功能。在获取采样地块详细信息的基础上，系统会选择现有的模型，根据所在区域的土壤条件推理出推荐施肥结果。用户可根据所在区域的特点及自身经验进行一定程度的调整，最终形成推荐施肥结果——系统推荐施肥建议卡。

打开样点推荐施肥界面(图8.7)，用户可以通过下拉框选择乡镇名称、村名称、农户名称、地块名称及统一编号等指定具体的地块。系统会自动导入该田块面积、土种名称、土壤采样时间及养分测试值等，随后点击左下方的"计算施肥量"按钮，系统便会给出施肥量的推荐(图8.8)。

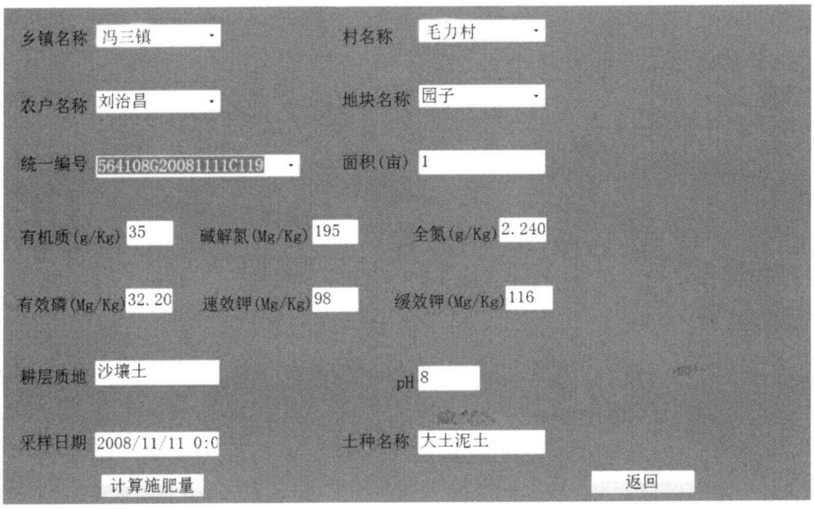

图8.7 样点推荐施肥界面

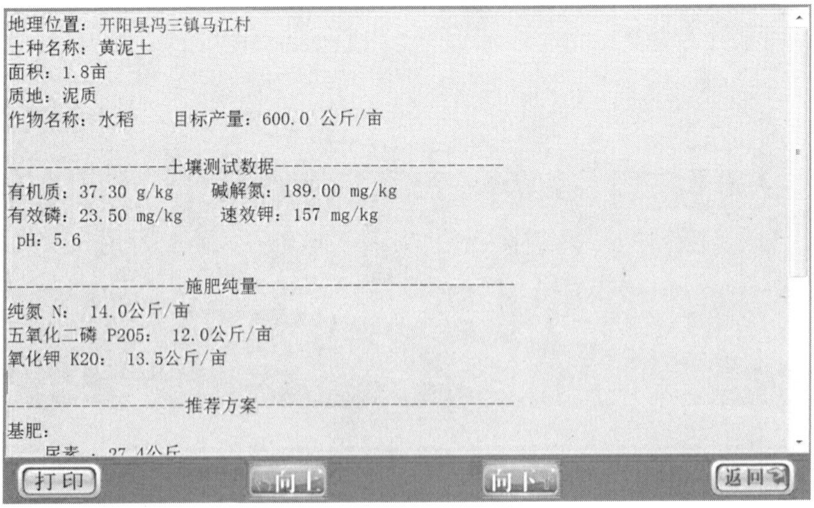

图8.8 推荐施肥结果界面

3) 测土配方施肥知识

测土配方施肥知识模块由缺素症状、测土配方施肥知识和肥料知识 3 部分内容组成(图 8.9),主要介绍常见作物缺素症状以及肥料施用常识等。

作物在生长过程中常由于缺乏氮、磷、钾或中微量元素而发生生长异常,"缺素症状"部分收集了水稻、玉米、油菜和马铃薯等常见作物的缺素症状,辅以大量田间照片,图文并茂,形象生动。"测土配方施肥知识"部分主要介绍测土配方施肥的相关知识,指导用户科学施用配方肥。"肥料知识"部分主要介绍常见肥料的品种特性、施用方法及注意事项等。

图 8.9 测土配方施肥知识界面

4) 作物栽培管理知识

作物栽培管理知识模块主要介绍水稻、玉米、油菜、马铃薯、烤烟、蔬菜、柑橘等常见作物的优良品种、栽培技术、管理技术以及病虫害防治技术等(图 8.10),为用户掌握先进的作物栽培管理技术提供参考。

图 8.10 作物栽培管理知识界面

5）农业技术影像课件

农业技术影像课件模块主要播放与农业生产密切相关的作物栽培、病虫害防治等视频，形象直观地展示农业常识和农业技术（图 8.11）。播放窗口设有视频播放控制控件，可以播放、暂停和停止视频播放，用户可通过拖动声音控制滑块调节声音的大小，拖动播放进度条可以实现视频任意点播放；通过界面下方的"上一个"和"下一个"的按钮，可实现视频的顺序播放。

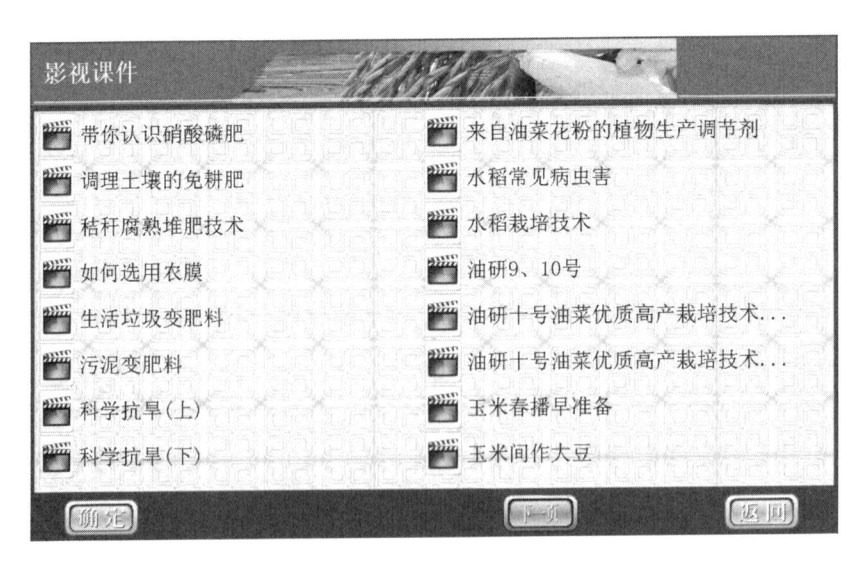

图 8.11 农业技术影像课件界面

3. 系统后台管理

后台管理主要用于维护和更新技术资料数据库，由栏目管理、内容管理、视频管理和施肥参数 4 个部分组成。管理员可以在后台对数据进行增加、更改或删除操作，系统界面见图 8.12。

"栏目管理""内容管理""视频管理"模块支持用户对各级标题及内容进行增加、修改和删除操作，还提供了数据查询和数据导出功能。

"施肥参数"模块提供了查询、修改和导出现有配方施肥参数的功能。施肥参数较多，包括农作物百千克产量吸收量、常年目标产量、肥料当季利用率、农作物空白产量与目标产量对应函数、农作物肥料分配运筹、农作物前三年平均目标产量、土壤养分丰缺调整系数、土壤有效养分含量水平、土壤有效养分校正系数、效应函数法等。用户可以根据施肥试验结果对施肥参数进行修改调整。

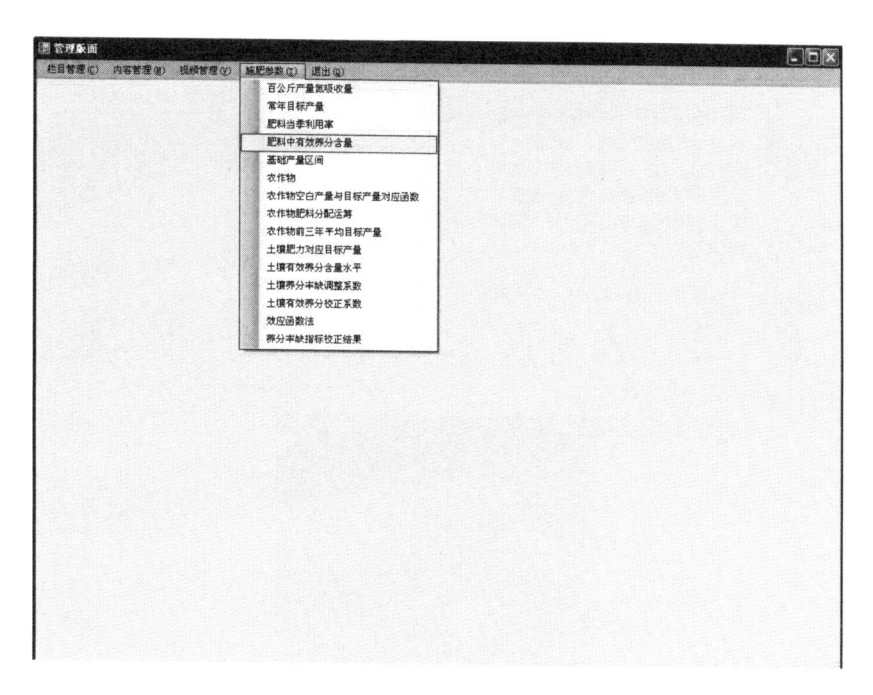

图 8.12 施肥参数下拉菜单界面

8.2.4 手机信息查询系统

1. 系统推广应用情况

针对农技人员与农民对施肥信息的需求，结合贵阳市生态特点，集成农业专家系统技术、嵌入式系统技术、GIS 技术，设计开发了基于智能手机平台 Android 操作系统的县级耕地测土配方施肥手机查询信息系统。该系统所需硬件投入低，且具有嵌入式移动 GIS 所具有的高集成和便携使用的优势，能弥补因大部分基层农技推广部门和农民的计算机软硬件设施力量有限、网络建设力量薄弱等所导致的耕地测土配方施肥触摸屏查询系统使用的局限性，更适用于农村基层场景。目前，该系统已在修文县、息烽县、开阳县安装使用，共计 24 台。此外，针对息烽县葡萄园区开发了基于三维模型的手机信息查询系统，如图 8.13 所示。

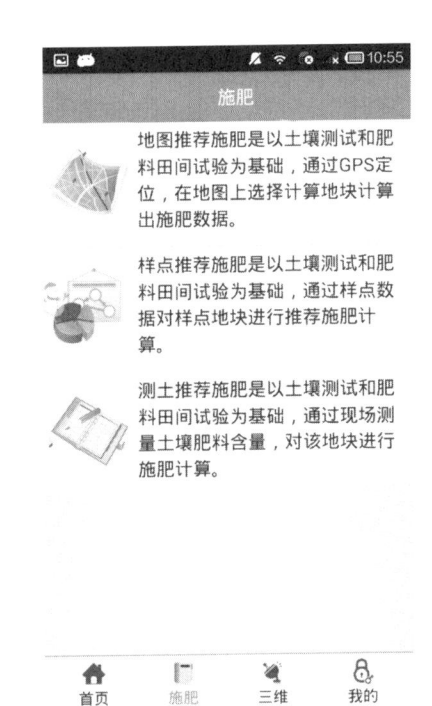

图 8.13　息烽县葡萄园区信息服务系统

2. 系统结构与功能

系统由首页、施肥、技术、视频、查询、维护等部分组成。系统可对田间耕地的任意位点进行定位,根据地块土壤养分等各方面自然因素,按照科学规定的配方施肥计算公式,实现对水稻、玉米、油菜、马铃薯4种农作物施肥中氮、磷、钾肥的使用量、施用时期分配进行精准推荐。同时,系统提供各种农业相关的技术知识以及视频资源,可更好地为作物种植提供有效帮助。

1) 用户与权限

用户在注册成功后,登录系统,可根据用户归属地进行归属地的测土配方施肥查询(图8.14)。同时,用户能够浏览农业技术知识和观看视频。若用户未登录就尝试进入系统,将直接跳转至登录页面,并提示需登录才能访问系统的其他功能。

2) 首页

首页展示登录用户归属地的简介,包括地理环境、人文风俗、特色特产、地力等级等相关介绍,见图8.15。

图 8.14　系统登录界面图　　　　图 8.15　登录用户归属地的简介图

3) 施肥

施肥模块是本系统的核心部分,具有推荐施肥与施肥相关知识两大类内容,其中推荐施肥又分为地图推荐施肥、样点推荐施肥;施肥相关知识包括施肥知识、肥料知识、缺素症状等技术资料,见图8.16~图8.18。

在推荐施肥量时，可根据目标产量的三种获取方法选择推荐模型。若用户能提供空白产量，采用地力差减法计算，其中目标产量由用户指定的空白产量通过"农作物空白产量与目标产量对应函数"生成；当用户能提供前三年平均产量而无法提供空白产量时，采用土壤养分校正系数法进行计算，目标产量由用户指定的农作物前三年平均产量通过"农作物前三年平均目标产量"中的"增幅"生成；当用户无法确定农作物前三年平均产量和空白产量时，可以通过直接输入"目标产量"，采用肥料效应函数法计算区域施肥量进行推荐。计算出的施肥量需根据土壤养分丰缺程度进行施肥策略校正。

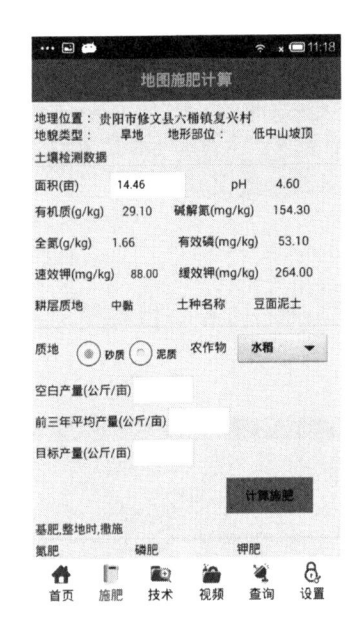

图 8.16　地图推荐施肥界面图 　　　　　图 8.17　地图推荐施肥计算结果

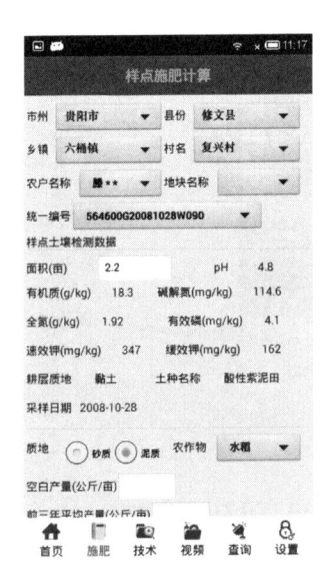

图 8.18　样点推荐施肥界面图

4) 技术

技术界面主要用于介绍和学习水稻、玉米、油菜、马铃薯等的农业相关技术知识，该界面存在多级菜单。若点击的菜单下存在子菜单，系统将展示菜单列表；若点击的菜单下不存在子菜单，则展示文章列表，见图 8.19。

图 8.19 系统技术界面图

5) 视频

视频界面支持将农业技术知识视频下载到手机离线观看。若点击观看的视频未下载，则提示进行下载后观看；若该视频已下载，则直接进入播放页面。观看过程中可以进行快进或者快退，以及暂停操作，见图 8.20。

6) 查询

查询功能主要分为土壤属性查询、采样点查询和采样点分布查询三类。土壤属性查询支持用户根据行政区划进行查询，用户可通过选择县(市、区)名称、乡镇名称、村名称，对不同级别行政区的耕地土壤属性进行查询。采样点查询则需要用户输入具体测土配方施肥项目采样点的统一编号来进行查询，见图 8.21。

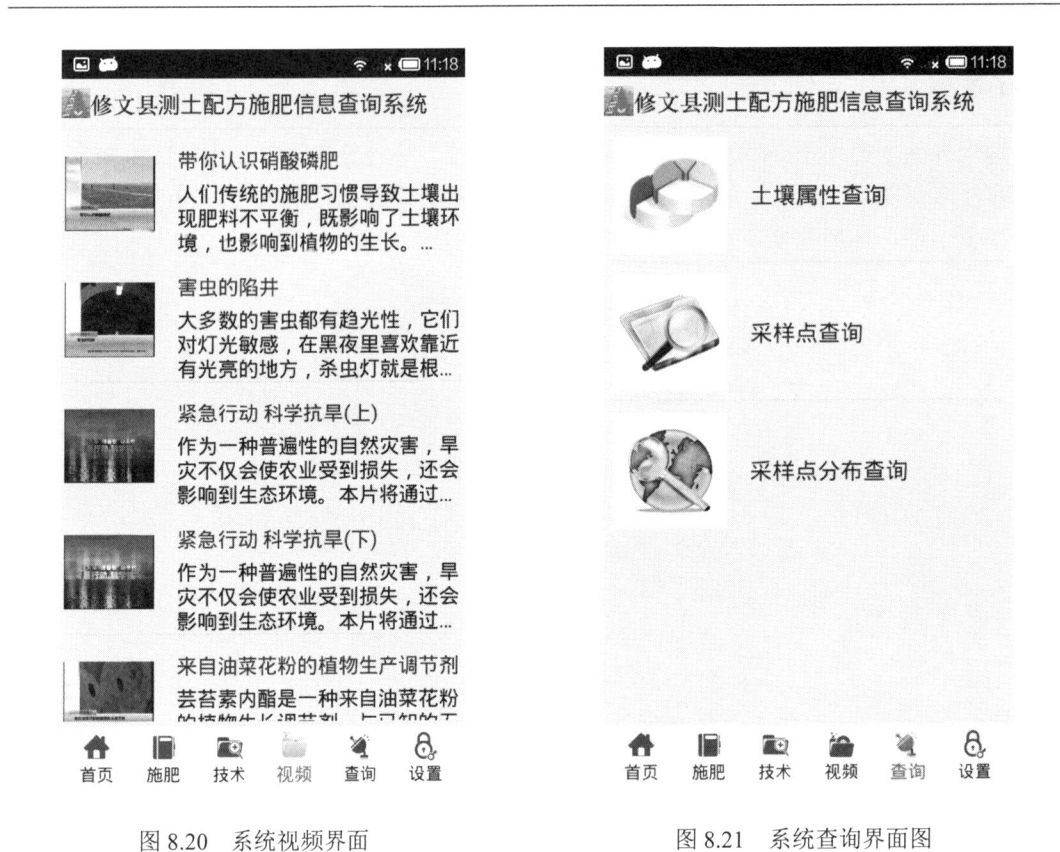

图 8.20　系统视频界面　　　　　　　图 8.21　系统查询界面图

7) 设置

设置页面可以进行用户登录、退出、信息查看、日志查看、下载数据等操作。用户登录时，可以设置默认登录，设置完成后再次进入应用时，无须重复登录，系统将自动进行默认登录。而其他操作必须在登录状态下进行。

8.2.5　桌面信息服务系统

1. 系统推广应用情况

贵阳市耕地测土配方施肥桌面信息服务系统是以县为单位，集成农业专家系统技术、嵌入式系统技术、GIS 技术开发的。系统安装在县农牧局的土肥站、农技中心，以及乡镇农技站等部门的办公电脑上，为基层农技人员提供技术服务。同时，得益于贵州省近年推进实施"村村通宽带"等项目，单机桌面版系统得以全部安装到这些县的全部行政村委会，使系统推广成本大大降低，推广应用成效显著提高。

2. 系统结构与功能

系统主要包括地图操作、配方施肥、技术资料、设置与维护等功能模块，见图 8.22。系统主界面见图 8.23。

第8章　测土推荐施肥推广应用

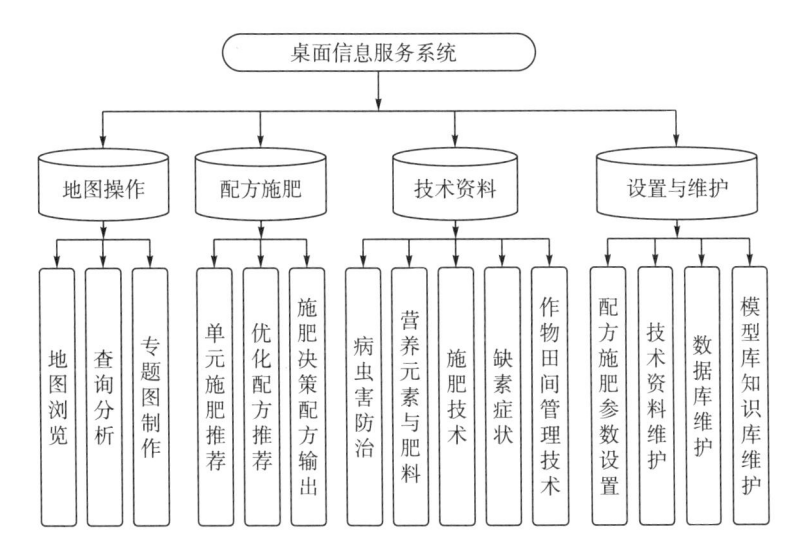

图 8.22　系统模块组成

图 8.23　桌面系统主界面图

1) 地图操作

在执行地图操作时，用户可通过各种地图工具进行放大、缩小、漫游、长度面积量测等基本操作，还能进行图层的增加与修改，对系统图层的颜色、样式、标注方式等属性进行修改，可实现地图的输出与打印。

系统提供对地块信息查询、相关图层信息的查询功能。支持字段查询、结构化查询语言（structured query language，SQL）表达式查询等属性数据查询方式，支持点位查询、空间关系查询、相邻要素查询等多种空间查询方式，并支持空间-属性数据关联查询。系统既能根据图形查询属性，也能根据属性条件查询相应的图形。

良好的专题图能十分直观地表示当前一种或几种自然或社会经济现象的地理分布，或着重展示这些现象的某一方面特征。在本系统中，应用专题地图来呈现与配方施肥相关的专题信息。

2) 配方施肥

配方施肥包括优化配方推荐、推荐结果查询和样点推荐等模块。对采样地块的推荐施肥是本系统的核心功能。在获取到采样地块详细信息的基础上，选择现有的模型，根据所在的区域推理出推荐施肥结果，用户根据所在区域的特点及自身经验进行一定程度的调整，最终形成配方施肥结果(配方施肥建议卡)。进行施肥决策时，所有"条件"均在一个界面完成选择输入，在"条件"方面应尽可能应用空间数据、属性数据和评价成果得到数据，以简化咨询或选择流程。

用户在获取推荐结果后，可以将结果存储在系统中以便日后查阅。用户在打印预览步骤中，可以通过设置打印机直接打印配方施肥建议卡，也可将配方施肥建议卡以文本或专题图等格式导出到电脑上备用。配方施肥建议卡中包括选定地块的土壤养分含量及丰缺度、选定作物目标产量下的肥料施用量和作物施肥指导内容。若选择了复混肥，还会同时显示复混肥的使用量和配比(图 8.24)。

图 8.24 施肥推荐查询界面

3) 技术资料

技术资料包括与测土配方施肥、作物栽培管理相关的文本、影像等数据资源文件。其中，作物栽培管理(图 8.25)包括：农药知识、果园杂草、作物栽培管理技术、农产品加工技术、农业机械、畜禽养殖技术、沼气生产。测土配方施肥知识包括：作物营养失调、肥料知识、施肥知识、测土施肥项目资料、耕地地力评价、专题报告。

图 8.25　作物栽培管理界面

3. 系统维护

系统维护主要面向具有一定专业知识的系统管理人员，通过导入系统数据功能可对数据库文件进行批量导入，用户可通过多种方式下载最新系统数据，对系统数据库的数据进行更新；通过备份系统数据库功能可对系统数据进行备份和保存；通过对技术资料内容进行修改和更新，有助于农事操作新技术、新方法的推广；通过对系统参数等的修改，可使生成的配方肥推荐结果更加适合当地的实际情况。

参 考 文 献

[1] 周俊, 杨子凡. 高台县耕地地力评价[J]. 中国农业资源与区划, 2018, 39(6): 74-78.
[2] 朱海娣, 王丽, 马友华, 等. 基于GIS的合肥市耕地地力评价[J]. 中国农业资源与区划, 2019, 40(8): 64-73.
[3] 鲁明星, 贺立源, 吴礼树. 我国耕地地力评价研究进展[J]. 生态环境, 2006, 15(4): 866-871.
[4] 谢国雄. 基于GIS的杭州市耕地质量评价研究[J]. 中国农学通报, 2014, 30(20): 276-283.
[5] 李秀彬. 中国近20年来耕地面积的变化及其政策启示[J]. 自然资源学报, 1999, 14(4): 329.
[6] 付国珍, 摆万奇. 耕地质量评价研究进展及发展趋势[J]. 资源科学, 2015, 37(2): 226-236.
[7] 李静恒. 我国农产品对外贸易竞争优势探讨[J]. 价格月刊, 2015(1): 40-42.
[8] 马永锋. 探讨耕地撂荒问题成因及其对策[J]. 中国集体经济, 2013(7): 9-10.
[9] 周勇, 田有国, 任意, 等. 基于GIS的区域土壤资源管理决策支持系统[J]. 系统工程理论与实践, 2003, 23(3): 140-144.
[10] 吴晓光, 郝润梅, 苏根成, 等. 农用土地质量评价研究进展[J]. 西部资源, 2014(1): 98-101.
[11] 李孝芳. 我国土地资源评价研究及其展望[J]. 自然资源, 1986, 8(3): 16-20.
[12] 彭补拙, 周生路. 土地利用规划学[M]. 南京: 东南大学出版社, 2003.
[13] 倪绍祥. 土地类型与土地评价概论[M]. 2版. 北京: 高等教育出版社, 1999.
[14] 张善金. 耕地等别划分方法研究: 以福建省福清市为例[D]. 福州: 福建师范大学, 2004.
[15] 倪绍祥, 陈传康. 我国土地评价研究的近今进展[J]. 地理学报, 1993, 48(1): 75-83.
[16] 徐盛荣. 土地资源评价[M]. 北京: 中国农业出版社, 1997.
[17] 张学雷, 张甘霖, 龚子同. SOTER数据库支持下的土壤质量综合评价: 以海南岛为例[J]. 山地学报, 2001, 19(4): 377-380.
[18] 周勇, 聂艳. 土地信息系统: 理论·方法·实践[M]. 北京: 化学工业出版社, 2005.